DVD BOOK

イメージでわかる たのしい物理学入門

1

力は時間と一緒にはたらく

＊本書には，科学教育映画「**力は時間と一緒にはたらく**」が収録された DVD が付いています。

　DVD プレイヤーに DVD を入れると，画面に次のようなメニューがでてきます。
〈**全編を連続再生**〉　映画全体を一度に見ます。あらかじめ内容を確認したい場合や，おおよその内容を知っていて復習したい場合にご利用ください。
〈**一時停止しながらの再生**〉　要所要所で DVD に一時停止が自動的にかかります。一時停止したあとは，DVD リモコンなどで「次のチャプターへいく」▶|を押して操作してください。今の内容をもう一度みたい場合は，「前のチャプターへいく」|◀を押して操作してください。自動的に止まるので，質問したり解説を加えたりしやすく，生徒や子どもに学習してもらう際に最適です。
〈**チャプターメニューを見る**〉　各チャプターごとに再生をすることができます。チャプターが終わると，チャプターの最後で止まります。もう一度見たいシーンがあればこちらが役にたつでしょう。

■片面・一層　（15 分）　■製造　ルネサンス・アカデミー株式会社
■ DVD ビデオ対応のプレーヤーで再生して下さい。
■このディスクを権利者に無断で複製，放送，公開上映，レンタルなどに使用することは法律で禁じられています。

力は時間と一緒にはたらく

目 次

付属DVDの見方 ……………………………………………… 2

物理が「イメージでわかる」とは (牧 衷) ……………………… 4

「運動の力学」の基本をイメージするためのDVD (牧 衷) …… 9
●映画の内容紹介

映画で物理！(長谷川智子) ………………………………… 21
●科学映画の見方・使い方

視聴プリント
「力は時間と一緒にはたらく」補足資料 (長谷川智子) ………… 34

映画を見ながら実験！●よりイメージを豊かにするために ……… 41
滑走体実験＝CDホバークラフト／
時間が短いと勢いがほぼゼロになる実験＝
コイン落とし・テーブルクロス引き

映画制作秘話 (長谷川高士) ………………………………… 47

確かな判断基準を持つために，「物理なんて大嫌い
という人のための物理学」を ●あとがき (牧 衷) ………… 55

謝 辞 ………………………………………………………… 62

物理が「イメージでわかる」とは

まき ちゅう
牧 衷　監督・脚本

　この DVD BOOK『力は時間と一緒にはたらく』は、物理へのお誘いのシリーズ第一作で、シリーズ全体のタイトルは「イメージでわかるたのしい物理学入門」です。おそらく、おおかたの方々は、物理といえばまず、面倒くさい実験と測定、それにややこしい計算、と思われることでしょう。

　その物理が、〈測定と計算で難しい〉ではなくて、〈イメージでわかって、たのしい〉とはどういうことでしょうか。イメージなどといえば、この言葉に結びついて想い出す分野は、まず詩とか絵画とか音楽とか、とにかく科学、特に物理とは対極にあると思われる芸術的諸分野でしょう。しかし、物理だってイメージに深い関係があるのです。

作用・反作用の法則はただのつじつま合わせ？

　そのひとつに、理屈だけでは〈どうにも腑に落ちない、わからない〉ことが、具象的なイメージを与えられることで〈ストンと腑に落ちて、わかる〉ものになる、ということがあります。私自身の経験でいえば、中学の物理の最初のころに習った「作用・反作用の法則」というのがそれでした。教科書にはこんな例がのっています。

　「ボートに乗って手で岸を押すと、反作用の力によって、ボートは沖の方に押し動かされる」

〈でもこれは、ぼくが出した力が、岸ではね返って戻ってきただけのことなんじゃないの？　それをなんで「反作用の力」なんてものを持ち出して、面倒くさく考えなきゃいけないんだろ？〉どうにも納得し兼ねます。

手で岸を押すと、岸が反作用の力で手を押し返す。（岩波映画「力のおよぼしあい」より）

更にもうひとつ、追討ちをかけるようにこんな話がでてきます。

「机の上に物が置いてある。この物には地球の引力がはたらいて下に落ちようとして机を押す。すると「反作用」によって机が物を押し返す。この二つの力が釣合うので、物は机の上に静止する」

たしかに「物理学的」にはこのとおりなんでしょう。なにせこの法則を使わないことには答えが出てこない問題がやたらと出てくるんですから。

でも、なんてまわりくどい説明！　考えてもみてください。物が机の上に止まっているのは、物は引力に引っぱられて下に落ちたいのに、机がそれをジャマして下に行かせないってだけの話じゃないですか。それを「反作用の力」なんて、どこから出てきたのかわけのわからない力を持ち出してきて説明する。ここまでくると、「反作用の力」なんて「釣合いの法則」（物に二つ以上の力が同時にはたらいた場合、物はそれらの力が釣合った地点に静止する、という法則）のツジツマを合わせるために考えた「ツジツマ合わせの力」としか考えられません。〈こんなツジツマ合わせは断然気に喰わん。物理ってイヤな学問だなァ。物理なんて嫌いだ〉というのが当時の私の偽らざる思いでした。

でも、このイヤなツジツマ合わせをやらない限り、試験の点はとれません。私は試験の点を取りたいばっかりに、自分ではまるっきり納得できない「ツジツマ合わせ」をやって試験で点をとりました。〈こんな

ツジツマ合わせはまったく気に喰わん。物理なんて嫌いだ〉と思いながら。

イメージ豊かに教えられると

このモヤモヤにケリをつけてくれたのは，七才年上の兄の友人で，後に東京工業大学の音響工学の教授になられた横山さんという方でした。横山さんは子ども好きだったのか，生意気盛りの私の音楽談議などにも，ニコニコ笑ってつきあってくださったのですが，あるとき「作用・反作用の法則なんてまったく気に喰わん」と気炎をあげていた私をつかまえてこう教えてくれました。

「ゴムのボールを指で押してごらん。へこむだろ。へこんだボールはもとに戻ろうとして君の指を押し返す。その力は感じることができるよね。ツジツマ合わせじゃなくて本当の力だ。机だってウンと重いものをのせれば，机の板がしなって曲がるだろ。曲げられたものは，もとに戻ろうとして，曲げたものを押し返す。ふつう机の上に物を置いたって，机の板の曲りやへこみは目には見えない。目には見えないけれど，ごくごくほんのわずかだけど，へこんだり曲ったりする。それがもとに戻ろうとして撥ね返す力が，君が気に喰わないっていう〈反作用の力〉の正体なんだよ」。

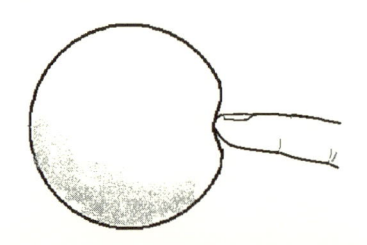

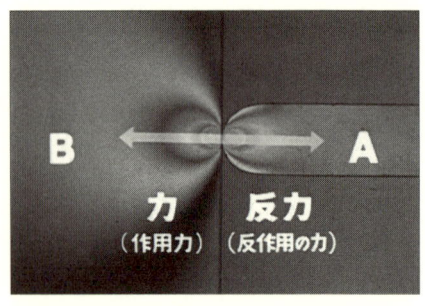

（目にみえないわずかなへこみをみる）
右の棒で壁を押すと，壁に変形を表す光の縞模様があらわれ，同時に押している棒の方にも反作用の力による変形の縞模様があらわれる。（岩波映画「力のおよぼしあい」より）

「ものだって力を出す」というイメージ

　横山さんの話は，身ぶり手ぶり，実にイメージ豊かなものでした。横山さんが与えてくれた「撥ね返す力」のイメージは，すぐに私の日常体験のさまざまなイメージを喚び起こし，それとまっすぐに結びついて，気に喰わなかった「反作用の力」をストンと腑に落ちるものにしてくれました。

　「アー，物だって力を出すんだァ」

　このときの感銘は，ただ理屈がわかった，などというのとはちょっと違ったものでした。そのときまで私の頭の中には，〈物だって力を出す〉という考え＝物質観は，まるっきりありませんでした。力というものは，自分で動くもの，たとえば人間とか動物とか機械とか，そういうものが出すものという「力観」（力のイメージ）が，知らず知らずの間に，ごく自然に頭の中にでき上がっていて，それが揺るぎのないものとして私の「判断の基準」になっていたのでした。それがガラガラと崩れて，物も力を出す，という新しい判断基準にとってかわられたのです。なにか，目からウロコが落ちて，新しい世界がみえてきた感じです。私はとても愉快な気分になりました。そこらじゅうの物たちに向かって「ネェ，君も力を出すんだよね」と声をかけてやりたくなるような気分でした。

　これが私自身の〈イメージでわかるたのしい物理〉体験です。言葉や理屈ではなく，イメージでわかったのです。

イメージで物理法則がわかると……

　そして，物理の法則がイメージでわかってみると，今度は物理の法則がイメージになって，日常の世界の景色に重なってみえてくる，というたのしさがやってきます。たとえば，横浜ベイブリッジの２本の塔に何本ものケーブルでぶらさげられている姿の上に「力の平行四辺形」の「力の矢印」が重なってみえる．

重たい荷物を二人でブラ下げて持ち歩くとき，できるだけ荷物から遠ざかる方が力を出さないですむ，なんて悪知恵も働きます。でもすぐ，相手もそれを知っていて荷物から離れようとしたら，せいぜい10kgの荷物を運ぶのに二人とも20kg，30kg分の力を出さなきゃならなくなるな，という事態が力の矢印つきのイメージでみえてきて，それが二人ともが荷物から離れようとして結局大汗をかいている漫画の一コマになって，思わずゲラゲラ笑ってしまう，なんていうこともおこります。

こうしたイメージ豊かな物理を伝えるためには，学校の黒板と教科書の授業ではどうしても道具不足になってしまいます。その点，映像作品は具象的イメージで物理学を伝えるのに最適の道具と言えるでしょう。このDVDブックに「イメージでわかるたのしい」というタイトルをつけた理由です。

どうぞ，物理をイメージでお愉しみください。

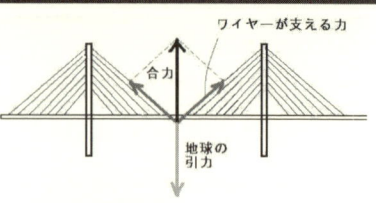

「力の平行四辺形」
斜めの線の方向にはたらく二つの力は，その上に描かれた平行四辺形の対角線に当たる力になり，下側の力と釣合う。

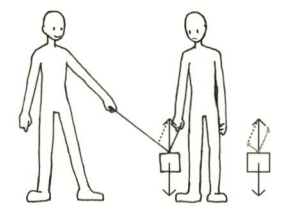

ズルイ持ち方 左の人が少し荷物から離れると，右の人が大きな力を出さなくてはならない。

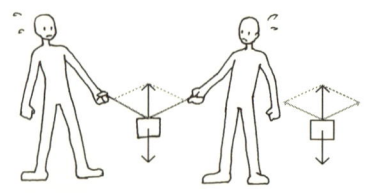

損な持ち方 2人ともズルしようとすると，かえって大きな力を出さなくてはならなくなる。

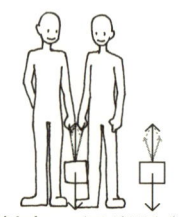

カシコイ持ち方 できるだけ近づいて持つ。

「運動の力学」の基本を
イメージするためのDVD
―― 映画の内容紹介

牧 衷　監督・脚本

　「力は時間と一緒にはたらく」とはどういう意味でしょうか。ふつうは気がつきにくいのですが，力は，ある時間はたらき続けなければ，力としての効果を発揮することができません。たとえば重い物を持ち上げるとき，持ち上げ終わるまでの時間，私たちは持ち上げようとする物体に力を加え続けていなければなりません。滑りやすいテーブルの上の砂糖入れを，チョンと押し動かす場合だって，そのチョンの間，私たちは砂糖入れに力を加えています。このDVDタイトルは，ふつうには気づきにくい〈力は，ある時間はたらき続けなければ，力としての効果を発揮することはできない〉という事実に気づいてほしい，と考えてつけた題名です。

　しかし，このDVDの内容は〈力は時間と一緒にはたらく〉という事実の確認をこえて，「力と運動」の科学（運動の力学）の一番基本になるイメージを伝えようとするものになっています。そのイメージというのは，地球の引力も空気の抵抗もない，頭の中だけで思い描ける「力学的空間」を，どこまでも，永遠に，与えられた勢い（スピード・運動量*）を守って，まっすぐに動き続けるボールの運動のイメージ（絵に描いたように頭に浮かぶ情景）です。この運動は「慣性運動」と呼ばれる運動です。（＊運動量については43ペ「コイン落しの実験」の解説参照）

このイメージがなぜ〈基本になる〉イメージなのかというと，すくなくとも，理系の大学の入試範囲の「運動の力学」で扱う運動は，みなこの慣性運動のイメージをもとに描ける運動だからです。

たとえば空中に投げ出された物の運動の軌跡（放物運動）は，慣性運動に「自由落下運動」（手を放した物が地球の引力に引かれて下に落ちる運動）を加えあわせたものになりますし，人工衛星の軌跡は，慣性運動に，中心になる一点に向かってはたらく力（地球の引力がこれに当たります）を作用させてみれば容易にイメージできます。

物理といえば，面倒くさい測定と計算と思われがちですが，実は，イメージの方が先なのです。イメージがあるから数式が立つのです。

そして，なによりすばらしいのは，イメージで考えるのに，測定や計算は不要です。イメージなら小学生の子どもだって描けます。そのよい実例がこのDVDの中に出てきます。物理なんて縁もゆかりもないファッション・デザイナー志望の少年が，イメージで考えることで人工衛星がなぜ地球のまわりをまわるか，という問題の解答に迫るイメージを描いてくれたのです。

慣性運動の不滅性（物理では「保存則」といいます）を，引力から逃れられないこの地球上で実現してみせることはできません。しかしそれに極めて近い運動は現実の映像としてみせることができます。このDVDの一番の「見どころ」「見せどころ」は，この「慣性運動」の映像です。このDVDの視聴者たちは，一緒に視聴してくれるアドヴァイザーの適切な助言がありさえすれば，DVDの中の映像から，容易に〈力学的空間における不滅の慣性運動〉を思い描けるようになるでしょう。そして，そここそが，運動の力学の出発点なのです。

以下に，各分野ごとにその「ねらい」を解説しながら，シナリオの筋を追ってみることにします。

第1節　まさつ力の復習　　00:00～02:22

　ここは，復習の意味で，極めて簡単に現行の教科書どおりの説明が行われます。
　とは言っても，学習する側からすれば，ここはそんなに簡単にすむはずのない（と私は考える）ところです。なにしろここには，中学生だったころの私を悩ませた，あの「反作用の力」が出てくるのですから，あるいは，ここで十分の説明がないといけないのかもしれません。でも，あまりしつこくはかかわらないでください。ここは，次にくる質問「もし摩擦がなかったら，机の上で押しやられた花ビンは，どんなふうに動くか，想像してみてください」という質問への導入なのですから。

　なお，ここでは，静止摩擦力と動摩擦力（すべり摩擦）のちがいについてはふれていません。「押す力が，摩擦力の抵抗の限界（最大摩擦力）を超えると物は動き出す」とコメントしていながら，測っているのは，すべり摩擦です。高校生などでは，この点に疑問を呈する人がいるかもしれません。

　そういうときには「実は摩擦力は，物が動き出したとたんに静止摩擦力からすべり摩擦にかわるので，実際上，最大摩擦力を測るのは大変むずかしい。すべり摩擦はすぐ一定の値を示すようになるので，ここではすべり摩擦を測っている。場合によるが，すべり摩擦は静止摩擦力の1/2くらいになる」ということを説明してあげてください。

第2節　質問と高校生たちの討論　02:22〜04:52

「もし摩擦がなかったら，机の上で押し動かされた花ビンは，手を離れたあと，どんな動き方をするか，思い切り空想の翼を伸ばして自由に考えてください」という問いに対する高校生四人の討論です。高校生たちは，いずれも，ごくふつうの高校生。とくに物理に興味があるわけではなく，俳優，スタイリスト，ファッション・デザイナー，などの仕事をしたいと考えている人たちです。この話し合いは，なんの準備もなく即興的に行われました。

ふつう，こういう場面では，あらかじめシナリオに書いてあるセリフを割り振って喋ってもらいます。今回，そういう手段をとらなかったことは，話し合いの自然さだけでなく，その内容もごくふつうの人たちの自然（発生的）なイメージをよく伝えるものになっていて，きっと中学や高校で物理を教える先生方の参考にもなるに違いないと，シナリオ・ライターであり演出家でもある私はひそかに鼻をうごめかせているところです。

私はここで，この四人の生徒たちが，手を離れた花ビンの「勢い」がどうなるか，というふうに問題を考えていることにとくに注目したいのです。手を離れた花ビンは，ずーっと滑って行くだろうけど，いずれその「勢い」は衰えて止まってしまう，というイメージです。

この「勢い」のイメージをもとにして力学を考えて行こうというのが，私がこのDVDを発想したそもそものもとなのです。というわけな

ので，もし授業などで，ここで討論が行われることになったら，「花ビンが動いて行く〈勢い〉はどうなっちゃうかな」という問いをはさんで，生徒たちが「勢い」について考えるように仕向けていただきたいのです。

第3節 「勢い」だけで走る滑走体の観察　04:52〜06:57

では，摩擦のない机の上で，手を離された物体は，どのように動くのでしょうか。

底に小さな穴をあけて，そこから空気を吹き出させて，底面と滑走面の間の摩擦をほとんど0にした滑走体を使って，押す手を離れたあとの滑走体の動きを観察します。滑走面には，長さ3mの1枚板ガラスを台上に水平においてつくりました。

指先で軽く押すと，滑走体はゆっくり，しかし滑らかに，まっすぐ等速直線運動をはじめます。その勢い（スピード）は衰えることはありません。コメントでは「等速直線運動は，前向きの力が働かないからこそおこる運動です」と言っています。「勢い」という日用語をまぎれこませることをためらったために，こんな表現になってしまいましたが，ここは，「等速直線運動は，前向きの力を一切うけず〈勢い〉だけで動いているものに特有の運動です。そして，この〈勢い〉だけで動く等速直線運動は，永遠にどこまでも続くのです」というべきところでした。ぜひ，先生方に補っていただきたいと考えております。

なお，この滑走体のスピードは3mの滑走面を15秒で走り切るよう

に設定しました。秒速20cmです。人がふつうに歩くスピードは秒速1mくらいですから，ふつうに歩く速さの1/5の速さです。10m行くのに50秒かかるわけですから，ずいぶんゆっくりです。このくらいの速さですと，空気の抵抗はほとんど0にちかいので，考える必要はありません。もし空気抵抗を気にする人がいたら，こう説明してあげてください。

第4節　勢いだけで走る運動と，力をかけ続けられて走る運動の違いの観察　06:57〜09:37

　ウサギとカメの人形をのせた滑走体の競走です。カメは錘(おもり)1個でひっぱり続けます。ウサギは錘2個でひっぱりますが，途中で錘を止めます。錘を止めると，ウサギはその地点から慣性運動（勢いだけの運動＝等速直線運動），になりますが，カメは加速を続けるため，ゴール前でカメはウサギを追い抜いてゴールインします。

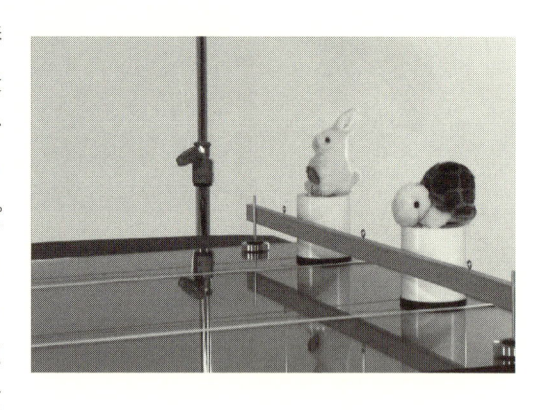

　映画では残像を残して，スピードの変化の違いが示されますので，ここでも錘でひっぱるのを止めたところから，ウサギは「勢い」だけで走る慣性運動になり，カメは加速運動になることがよくわかります。カメの残像は「等加速度直線運動」を示す残像になりますが，ここでは加速度という量を教える意図はありません。あくまで「勢い＝スピード」が主人公ですので，ウカツに加速度にふれると混乱します。

　このこともあって，この節の最後は「カメ的運動」の例として宇宙ロ

ケットの発射をとりあげています。ロケットの動き方は等加速度運動ではなく，「運動量保存の法則」によるもので，燃料を高速で後方に噴射する（身を捨てて自分は軽くなる）ことによって得られます。ですから，等加速度運動ではありません。ただ，力をかけ続けられることで凄いスピードになる典型的な例としてあげました。日常生活の中で，等加速度運動がみられる典型的な例は，物が下に落ちる運動（自由落下）です。体感的には，自転車で坂をブレーキを踏まずに下るというのがありますが，ロケットや自由落下は，このシリーズの別の巻でとりあげます。

第5節　「勢い」の良さ悪さ（大・小）は何できまるか

09:37 〜 11:03

　第4節で行ったのと同じ競走を，ウサギは，錘2個で時間は3拍で，カメは錘1個，時間は6拍で錘を止め，両者の「慣性運動」の速さを較べます。競走というスタイルをとるので，先行するウサギが速い，と直観的に判断を下してしまうこともあるかもしれませんが，較べたいのはどっちが先にゴールに着くかではなく，慣性運動のスピードの比較です。

　これは，ちょうど制限速度が時速60kmの道路で，先頭に並んで信号待ちをしていたスポーツカーと軽ワゴンが，青信号でいっせいにスタートしたときと同じです。加速性能のよいスポーツカーはすぐ制限速度に達してしまって制限速度での走行になります。加速性能に劣る軽ワゴンはそれよりおくれて制限速度に達するので，そのときにはスポーツカーが先行しています。両者が共に制限速度に達してからは，両者の車間距離は一定に保たれる，という現象と同じような現象です。

　実験のウサギとカメの競走では，車間距離に当る位置の差を，両者をつなぐバーで表示します。この残像のバーが斜めの平行線になっていれば，両者の慣性運動のスピード（勢いの強さ）は同じということになり

ます。

　この実験から，勢いの強さ（スピード）は「力×時間」できまるのではないか，という予測を呈示します。

この場面の目のつけどころ解説はこのように——

（1）ウサギが先にゴール？
　力×時間のウサギとカメの競走（2回目の競走）では，ウサギの方が先にゴールしました。けれども映画では「ウサギとカメの速さはまったく同じ」と言っています。なんだかよくわからない？　と感じた人もいるかもしれません。ところで，この実

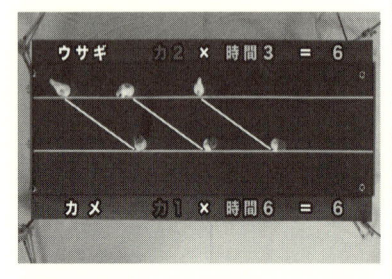

[図] ウサギとカメの競走　力×時間

験では，「力が半分のカメでも，2倍の時間力をかけ続ければ，（その勢いによる）スピードは，ウサギと同じになるのか」ということを調べます。実際やってみると，ウサギもカメも一定の速さ（等速運動）になってからは，位置がずれていますが，両方とも確かに同じスピードで進んでいました。でも，「同じスピードになった」のに，ウサギが先にゴールしたというのはいったいどういうことなのでしょうか。

（2）等速になってからのスピードに目を付ける
　ウサギには，カチ，カチ，カチ，3拍のあいだ，錘2つ分の力がかかっていました。そこで，ウサギは2×3の勢いによるスピードを持つようになり，それ以降一定の速さで進みます。それに対して，カメは，おもり1つ分の力（ウサギの半分の力）ですが，カチ，カチ，カチ，カチ，カチ，カチ，6拍ですから，2倍の時間，力をかけ続けました。カメは1×6の勢いによるスピードを持つので，ウサギもカメもスピードは同じになりました。
　でも，それぞれ一定の速度に達した時点を考えてみると，ウサギが等

「運動の力学」の基本をイメージする　17

速になった3拍目のとき，まだカメは等速になっていません。そのあと3拍して，やっとカメも等速になります。（手で拍を打つ動作をするとよい）カメが等速になるのは6拍目ですが，その6拍目のとき，ウサギはもうすでに等速になった地点から，さらに3拍分先に進んだ所にいます。そこでメトロノーム6拍から先は，お互い位置はずれていますが，両方が同じスピードで進んだというわけです。どちらが先にゴールしたかではなくて，等速になったときのスピードに目を付けるということです。

（長谷川智子）

第6節　力×時間＝速さ（勢いの大きさ）という予測の検証
11:03〜11:51

　前節での予測をうけて，力と時間の割合を変え，ウサギは「力3×時間2」，カメは「力2×時間3」にして実験し，ここでも，錘を止めてからの慣性運動のスピードは同じになることを示して，「速さ＝力×時間」の関係を導き出します。
　この場合も「速さ」は「勢いの良さ度」を示すものであることに留意して，「速さ＝勢いの大きさ」という読み替えを行ってください。

第7節　勢いを止めるには，そして日常の中の「速さ＝力×時間」の法則　11:51〜15:17

　ある「勢い」（スピード）で動いている物を止めるには，その「勢い」を動いているものに与えた「力×時間」と同じ「力×時間」を反対方向に働かさねばなりません。
　DVDでは，中に色水を入れたガラス

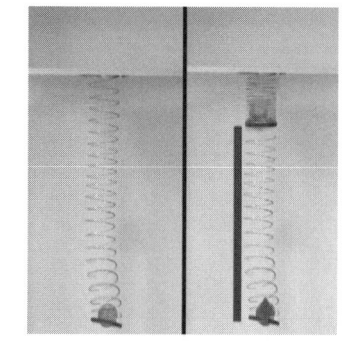

球を落下させる実験で，止めるための時間を操作すれば，物体にかかる力を変化させられることを示します。

まず最初に，ガラス球を鉄の板の上に落とします。ガラス球のガラスはごく薄くつくってあるので，ガラス球は割れてしまいます。次に，落ちてくる球をバネで受けてやります。バネはグーっと伸びながら球をうけとめます。最下点にまで達する（勢いを0にする）までの時間が伸びるので，球にかかる力は弱くなり，ガラス球はこわれません。

この実験では，球を50cmの高さから落としました。落下時間は0.3秒，ガラスが鉄の板に当たって砕けるまでの時間は非常に短くて，数千分の1秒しかありません。ですから，ぶつかったときには，球にかかる地球の引力の千倍余の力をうけることになります。

一方，バネで受けた方は，とめるまでにかかる時間は0.3秒足らず。平均すれば，球のうける力は自分の重さぶんの力よりほんのちょっと大きいだけ，つまり机の上にそっと置いてやる時にうける力しかうけないことになります。（映画ではバネで受ける時間は8倍に延長して撮影しています）

日常生活の中でこの関係を利用して衝撃をやわらげている例はたくさんありますが，その中でとくに最近注目されているものの一つに，地震のゆれの勢いを弱める制振構造があります。その代表的な例は，建物と土台の間に積層ゴムのダンパーを入れる，という方法です。ゴムの弾性（バネ作用）を利用して，グラッときたときの地震の力をやんわり受けようという考えで，すでに多くの建物に利用されています。

子どもたちに最も親しい例としては，キャッチボールのとき，球をうけるグローブを引きながら捕ると，相当な剛球でも手は痛くない，という事例があるでしょう。バネが伸びながら球をうけるように，引く手がバネと同じように球をうけとめる時間を延ばして，手がうける力を小さくしているのです。

「運動の力学」の基本をイメージする　19

この場面の目のつけどころ解説はこのように――

動いているものを止めるときの「力×時間」の考え方
　力と時間の積（力積）を力と力をかけ続ける時間の面積図で考えることにします。

落ちてきたガラス玉が持っている
「力×時間」
　落ちてきたガラス玉は，「地球の引力」（下向き）で，「落ちているあいだの時間」だけ引っぱられ続けます。そこでガラス玉が，机（鉄板）にぶつかる直前の「力×時間」は，［図１］のような面積で表すことができます。

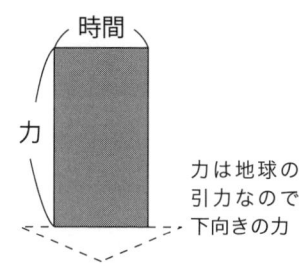

力は地球の引力なので下向きの力

［図１］落ちてきたガラス玉が持っている「力×時間」

落ちてきたガラス玉を止めるために必要な「力×時間」
　動いているガラス玉を止めるには，ガラス玉が持っているのと，同じ大きさで逆向きの「力×時間」をかけなければ，ガラス玉を止める（速さゼロにする）ことはできません。そこで，落ちて来たガラス玉が持っている「力×時間」（グレー：力は下向き）と同じ大きさで逆向きの「力×時間」を，［図２］の上側の面積図（白：力は上向き）で表しました。

動いているものを止めるために必要な「力×時間」（逆向きの力）

動いているものが持っている「力×時間」

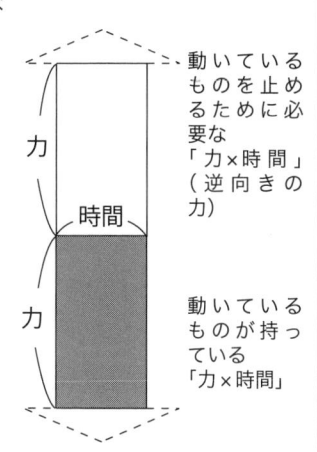

［図２］動いているものを止めるために必要な「力×時間」

机の上に落ちたとき，ガラス玉が受ける「力 × 時間」

　ガラス玉の動きを止めるために必要な「力 × 時間」は，図2の白で示した面積分の「力 × 時間」です。そこで，ガラス玉が机（鉄板）の上に落ちて止まるときのことを考えると，ガラス玉が机から受ける「力 × 時間」（[図2]の白の面積分）は決まっていますが，ガラス玉が机にぶつかって止まるまでにかかる時間は，瞬間といえるほどの短い時間です。

　その短い時間で，逆向きの「力 × 時間」がガラス玉にかかるとしたら，ガラス玉が受ける力は，右の[図3]のように，とても大きくなってしまうというわけです。実際はこの図3より遙かに時間が短く，力はもっとずっと大きいのですが，このページに入りきらないのでイメージ図と思ってください。それでも，このような面積図で考えると，ガラス玉にかかる力がとても大きくなることが，よくわかるのではないでしょうか。

ばねで受け止めたときにガラス玉が受ける「力 × 時間」

　ガラス玉が机（鉄板）の上に落ちると大きな力がかかって割れてしまいますが，ガラス玉をばねで受け止めると，ガラス玉は割れません。ばねがガラス玉を受け止めるとき，ばねが引き延ばされるあいだの時間がかかるため，ガラス玉にかかる力を弱めることができるのです[図4]。これも面積図にするとわかりやすくなります。

[図4] ばねの上に落ちたとき，ガラス玉がうける「力 × 時間」

ばねが，ガラス玉を受け止めるのにかかる時間が伸びる分，ガラス玉にかかる力は小さくなる

ガラス球にはとても大きな力がかかる

[図3]

（長谷川智子）

映画で物理！
——科学映画の見方・使い方

長谷川智子　中学校理科講師

映画で，物理入門・再入門

　このDVDの主役は，"力"と"時間"です。でも，力とか時間などと言われると，「理科で習ったかもしれないけど，よく覚えてないなぁ。なんか，そういうのは苦手！」なんて思った方もいるかもしれません。子どものころは宇宙や生き物とか好きだったんだけどなぁという人でも，学年が進むにつれて理科は"嫌い"になったということも聞きます。学校での理科，とくに物理は，先生が黒板に書いたことをノートに写して，テスト勉強で暗記，ギリギリ通り抜けたなんて覚えはありませんか。でも，そんな嫌われものの物理の法則を，「ほとんどの子どもたちがイメージをつかんで学び，テストでもよくできるようになる方法がある」なんてことを言ったら，「そんなことは信じられない」と思うでしょうか。

　でも，そんな方法があるのです。それは，〈科学映画を見ながら，みんなで実験の結果を予想して考えながら学ぶ〉という方法です。子どもたちも，かつて子どもだった大人たちも，ホントは理科や科学が嫌いなのではなくて，「なるほど！」と思えるように学ぶことができれば，科学ってたのしいんだと，もう一度目覚めてもらえると思うのです。

映像でイメージをつかみ，予想を立てつつ見る

　科学映画は映像で目に見えるイメージが伝わってくるので，実験の様子をただ言葉での説明で聞いているのと違い，どんなことが起きたのかとてもよくわかります。でも，漠然と映画を見れば，自分のまだ知らない物理の法則がそれだけでわかるというわけにはいかないのです。

　では，どうしたらまだ知らない物理の法則なんかがわかるようになるのでしょうか。じつは実験を見る前に，「その実験をしたらどういうことが起こるのか考えて，結果を予想してみる」というのがその答えです。そして，その自分の考えが合っているのか，間違っているのかを実験で確かめる，そういうことを何回かやっていくと，自分なりにその法則がどういったものか少しずつわかってくるようになります。

　そして，そのとき一人だけで考えるより，誰かと一緒に思ったことを気楽に言い合う（ディスカッションですね）相手がいると，頭がとてもよくはたらくようになります。自分と違う考えを聞くと，「そんなことあるんだろうか」と，深く考えさせられるからです。実験の映像を見る前に映画を止めて考えるというやり方は，手間も時間もかかりますが，子どもたちに考えさせ，その考えを自分で確かめていくので，受け身で知識を学ぶのと違い，科学的な考え方とはどういうものかがわかってくるのです。

　こうした学び方は，科学者たちが未知の問題に取り組むときの方法と同じともいえるので，子どもたちにとっても，考えていくことそのものが冒険でオモシロイのです。実は物理が得意だと思っている人もこの方法をすごく歓迎してくれます。「この方法で見てはじめて，勉強したことが納得できた」というのです。

物理だって，わかれば，たのしい

　この「力は時間と一緒にはたらく」のDVDをこんなふうに見ながら学んでいくと，信じられないくらい「力がはたらくってこういうことな

んだ」とか「力がはたらき続けるから，これだけのスピードになる」などということが自然とイメージできるようになってきます。力そのものは目で見ることができませんが，力の効果は，"力"と"力がはたらき続けた時間"のかけ算で決まる，ということが，教科書の中だけのものではなく，じつは日常の暮らしのさまざまな工夫の中に潜んでいることがわかってきます。物理だって，このような方法で誰かと一緒に考えていくと，なるほどそういうことかと，わかってくるものなのだと気付いてもらえるのではないでしょうか。

　実際，このDVDで学んだ高校生たちはこんな感想を書いてくれました。

　「理科は苦手だったけど，映像があって分かりやすかったです。すばらしい映画でした」（アヤノさん）

　「映像とプリントとみんなの意見でできたから，たのしかった～☆　理科は，よくわかんなくて嫌いだったけど，うさぎさんとかめさんのところがかわいくて好き～！　ばねは，いろいろ考えたら，日常でたくさん使われてたんだぁ～って思ったー☆　くぎは，短く打つとはいる！　いえ～いっ」（マリカさん）

　「等速直線運動って，昔聞いたことあったけど，今回ちゃんと理解できたから楽しかった。今まで意識してなかった事だけど，色んな力が身近にあることがわかった」（アヤネさん）

　いかがでしょうか。「理科は苦手だったけれど，分かりやすかった」，「みんなと意見を出せて楽しかった」「色んな力が身近にあることがわかった」と書いてくれた彼女たち。決して特別な優等生たちではありません。でもこのDVDを見ながら学んだことで，科学を学ぶたのしさを感じてくれたことが伝わってきます。

　あなたもこのDVDで，子どもたちに科学を学ぶたのしさを伝えてみませんか。

映画をわかりやすく伝える人が必要

　でも，このDVDと視聴プリント（映画の内容に合わせた学習用プリント，34ぺに収録）さえ与えておけば，子どもたちが「力と時間」のことを自分たちだけで学んでくれるかというと，そういうわけにはいきません。ここで必要なのは，このDVDを見せて子どもたちに映画の中に出てくる問いかけやポイントをわかりやすく伝える人，つまり今これを読んでいるあなたが必要なのです。「エッ，何のこと！私が何をするっていうの？」って思いますよね。

　そこで，あなたにお願いしたいのは，絵本の読み聞かせのように，子どもたちのペースに合わせて映画の問題の意味を伝え，実験の結果がどうだったのかを確かめて，確認していく先生役をやってみていただけないかということなのです。……そんなことを急に言われても，誰だってすぐにできるわけがありませんよね。でも，大丈夫です。映画をどこで止めてどんな話をすればよいのかということを記した「視聴プリント解説」（先生役用の，映画を使った学習の進め方と解説，仮説社のＨＰからダウンロードできます。奥付参照）を用意しています。

　その解説にそって，映画のナレーションの問いかけのところで映画を一時停止し，視聴プリントの問題を子どもたちと読んで，子どもたちと会話しながら進めていけばいいのです。そして，子どもたちの予想が決まり，考えを出しあったところで，また映画を進めて実験の映像を見ます。そして，実験の映像を見終わったところで映画を一時停止し，結果を確認して下さい。

　先生役というのは，こんなことをしながら，子どもたちが科学の問題を思わず考えたくなるように仕向けて行くエンタテイナーともいえます。あなたに，この役をやっていただけるとうれしいのですが，いかがでしょうか。

　では実際にどうすれば先生役の大人が子どもたちにわかりやすく教えることができるのか，具体的な方法を紹介していきます。

1．子どもたちの理解のスピードに合わせながら映画を見せていく

　初めての内容を学ぶ子どもたちが，あることについて自分なりにわかったと感じられるようになるまでには，先生役の人にとっては「ずいぶんゆっくりだな」と思えるぐらいの時間と繰り返しが必要です。ふつう，映画をスタートさせると，映像は見る側の都合にはおかまいなく，どんどん進んでいきます。誰が見ても映写時間は同じなのですが，ある人にとってはひとつひとつのことを考えていく余裕がないまま，次の内容へ移ってしまうということも起こります。すでに知っている人にとっては速くないペースでも，初めて学ぶものからすると，内容についていくことができないのです。

　そこで，子どもたちと科学映画を使った学習（授業）をする場合，子どもたちのペースに合わせていくため，実験場面の前で映画を止めて，子どもたちや生徒がこれから行われる実験の結果についてどう考えているかを聞いてみてください。いったん立ち止まって考えを聞かれると，子どもたちは，たとえあいまいでも，これまでの自分の経験から思いつくことを考えてみようとしてくれます。そうした自分の考えに気付いたうえで，科学の法則がどうなっているのかを映画で学んでいくと，自分の考えの正しかったところや間違っていたところに自分で気付くことができます。

　未知のことを学ぶとき，誰でも自分のすでに知っていることと照らし合わせて，自分なりに評価を下し，その上で新しい考え方を学んでいくので，時間がかかるのです。

　こうしたことがあるので子どもたちに考えを聞くのですが，学年が上がって周囲を意識するようになると，自分の思った考え（予想）を表現してくれない場合もあります。けれども，実験が始まる前に映画を止めて問題の予想を問いかけておくと，少なくとも心の中では考えてくれます。ですから，先生役の人は，子どもたちに予想を聞くことをあきらめないでください。

次に，実験の結果がでて，内容が一段落したところでも映画を止めます。そして，視聴プリントに実験の結果やポイントをまとめていくと，心の中で考えていたことがまとまってくるので，子どもたちは自分のペースで学んでいくことができます。

　先生（役）は，ポイントを伝えたり，司会をしながら進めて行きますが，子ども自身が映画を見て，自分で学ぶことができるようにサポートをしていくのが仕事です。答えを押しつけるのではなく，「どうしてそう思うのかな？」「実験ではどうなった？」というように，子ども自身が気付けるようにしていきます。

　さらに，このようにして映画を途中で止めながら見て学んだ後，つまり，ひととおり内容がわかったところで，もう一度全体を通して見るとより理解が進みます。

2．学習の一連の進め方

　映画を使った学習は，先生や先生役の大人が司会をして，基本的には次の1～4のステップに沿って進めます。映画でこれからどんな実験をすることになるのかがわかったところで映画を止めて，子どもたちにその実験結果がどうなるかを考えてもらいます。その後，映画の続きを見て実験結果を確認するまでが一つのステップです。そして，次の実験に進んだら，また同じようにこのステップで進めていきます。このような学習の進め方は，仮説実験授業の授業運営法によっていますので，詳しくは『仮説実験授業のＡＢＣ第5版』（板倉聖宣，初版1977，5版2011，仮説社）を参考にして下さい。

1．映画で，これからどんな実験をするのかを見る。
2．映画を止めて，その実験（問題）をやったら，どんな結果になると思うか，予想を立てる。
　・視聴プリントがあれば，問題文を読み，予想の選択肢（ア，イ，ウなど）から，自分の予想を決める。

- 映画を見ている人それぞれの予想を確認する（学校であれば，それぞれの予想の人数　を調べる）。
- 予想を選んだ理由を話し合い，意見があれば討論する。予想変更したいときは，予想を変更して構わない（理由の発表は，発表したい子どもにとって言いやすい雰囲気をつくり，強制はしない）。
3．映画で実験を見て，結果を確認する。
4．映画を止めて，みなで結果を確認し，どの予想が正しかったか，視聴プリントに記入する。

3．どの実験に予想を立てればよいのか

　このDVDにはいくつもの実験がでてきますが，いずれも子どもたちが日常経験から身につけている考え方（素朴なイメージ）と，科学の法則に基づいた考え方が大きく違うものが取り上げられています。そこで，子どもたちが選んだ予想に対し，なぜそう考えたのか理由を聞き（その考えが正しいかどうかはまったく問題にしないで），その考えがクラスのみんなに伝わるように，教師は司会役を務めます。こうすることで，子どもたちは自分とは違う考え方があることに気づき，自分の考えを振り返ったり，また違う考え方についてもその可能性について考えてみようとするのです。

　では，どの実験のところで映画を止めて予想を考えるのがよいのでしょうか。じっさいのところ，どこで映画を止めて予想をするのかは，映画を見せる相手と状況によって違ってきます。すでに学習済みの内容であれば，とくに予想は立てないでそのまま実験の結果まで見たあとに映画を止め，確認してさっと進むこともあります。とはいえ，たくさんの実験のうち，映画のテーマとなっている実験については，実験の前に全員の予想を聞きます。それ以外の実験については，そのときの相手の様子や残り時間といった状況で考えていただけばよいのです。

　ただし，今回のDVD〈力は時間と一緒にはたらく〉では，視聴プリ

ント解説の中に，実験の前と実験結果を見た後など，映画を止めるところのナレーションとタイムカウントを載せてありますので，参考にしてください。それでも，実際に映画をどこで止めたらいいのかは，事前に映画を見てチェックをしておく必要があります。

4．予想を立てるから理解できる

　科学映画で実験を見せるとき，こうした手間をかけるのですが，それには理由があります。よくあるケースで，教師は生徒に映画を見せたのだから，生徒はそこから学んでいる（理解している）はずと考えるのですが，じつは生徒の中には，内容をあまり覚えていない子もいます。たとえ映画で実験の映像を見ていても，自分なりに考えて予想を立てていないと，その実験の結果からわかるはずのことを学べないまま過ぎてしまうのです。ですから，子どもたちに「自分の考えを確かめたい」という意識を持たせるために，実験結果の予想を立ててもらうことはとても大切なのです。

　たとえば，映画を見る前に実験の結果を予想させてから映画を見たグループと，予想を立てずに同じ映画を見せたグループで，一週間後にテストをした結果，事前に予想を立てさせたグループの正答率は90％であったのに対し，予想を立てさせなかったグループの正答率は25％であったという調査例[*]があります。

　この科学映画では，「子どもたちに自分で考えて予想を立てさせ，それが正しかったかどうかを確かめていく」ことを教師が特に意識しておく必要があります。

　　[*] 吉村七郎「教材映画による授業の試み」『科学教育研究』第3冊（国土社，1971）

5．「視聴プリント」で内容を整理する

　子どもたちは，映画を見ただけでは問題や実験の意味がよくわかって

いないことがあります。子どもからすると，自分のまだ知らないことで，しかもあえて紛らわしいことについて聞かれるわけですから，予想を立てるようにいわれても，すぐに反応できなくてもあたりまえです。

　そこで視聴プリントに問題文と選択肢を印刷しておき，一緒に読んでから予想を選んでもらうようにします（それでも，問題そのものが悩ましいことに変わりはありません。でも，それは同時にとても興味をそそられているということでもあります。だから子どもたちは，問題を見ると近くの子とおしゃべりを始めます）。また，実験を見たあと，実験の結果もプリントに記入しますが，それだけでなく，そのときの気持ち，例えば「ヤッタネ！」といった一言も書いておくといいよとアドバイスしたりします。視聴プリントは，こうした実験の予想だけでなく，内容のまとめや重要語句も書きこむことができるようにし，自分のノートになるように作っておきます。またプリントに映画のシーンの画像も載せておくと，そのときのイメージを思い出しやすくすることができます。視聴プリントは，自作することも可能ですが，このDVDの視聴プリントは34ページに収録してあります。

6．映画の場面をチャートにして黒板に並べると，構成がわかる

　科学教育映画には一つの映画の中に多くの実験や，説明の映像がでてきます。どれも，映画のテーマを理解していくための布石ともいえる内容なので，重要なポイントになるのですが，初めて学ぶ子どもたちからすると，これらを短時間ですべて理解し覚えていくことはできません。十分に理解できていないところは，印象があいまいだったりします。

　そこで，映画を途中でいったん止めて内容をまとめていくのですが，そのとき，先生役の人が，映画の場面の掲示用チャート（フリップチャートと呼んでいます）を手で持って，子どもたちに見せながら，ポイントを説明して黒板に掲示していくとより効果的です。例えば，ロケットの発射場面のところであれば，「ロケットが発射するとき，カメのよう

にずっと力をかけていくから，どんどんスピードが上がっていくんだったね」などと言いながら，フリップチャートを黒板に掲示します。先生役の大人がこのようにポイントを伝えて，フリップチャートに意識を向けていくと，子どもたちはロケットの映像と「カメのように力が加わり続ける運動」というイメージを関連づけて覚えていくことができます。

　また，実験の問題を子どもたちに考えてもらうときも，その場面のチャートを，先生役の人が手に持って見せ，「今，ウサギを引っぱるおもりは2コでした。でも，カメを引っぱるおもりは1コでしたよね。そしてウサギを引っぱる時間はメトロノーム3拍，カメの方はどうだった？」というように問いかけると，子どもの意識がその問題に集まります。ちょうど，紙芝居を見せるときのような感じです。視聴プリントに問題文が印刷されているのだから，それでいいではないかと思うかもしれませんが，先生役の人が手にチャートを持って，表情とアクションで問いかけると，注目度がアップするのです。

　こうして一つ一つ意識付け，意味づけをした映像画面のチャートを，黒板に並べて掲示していくと，映画の筋道と全体像が一目でわかるので，子どもたちはそれを見て理解していくことができます。映画は，映像も音声もそのとき限りで流れて消えてしまうのですが，このようにして映像の静止画面を黒板に残し，全体を見られるようにすると，子どもたちは新しい場面がでてきたとき，過去の場面を振り返って，比べたり整理したりしながら学んでいくことができるのです。また，こうしたフリップチャートは，復習にもとても役立ちます。例えば学習（授業）が1回で終わらず，次の回にまたがる場合，フリップチャートを黒板に並べて見せながら内容を振り返ると，子どもたちはすぐに前回のイメージを思い起こしてくれます。教師が言葉でしゃべって復習するよりずっと効果的です。（フリップチャートは，仮説社のHPからダウンロードできます）

7．自分の手で触って実験してみる

　映像の中の実験は，いくらおもしろい実験でも，自分の手で触ってやってみたリアルな実感を伴う体験とは違います。とくに物理分野の場合，もともと生活実感とつながりにくく，抽象的な考え方がでてくるので，映画だけではどうしても印象に残りにくいのです。そこで，映画の実験を見たところで，子どもたちにも簡単にできる実験を用意してその実験をやってもらうと，子どもたちの反応が違ってきます。こうした実物教材は数人に1セットぐらい用意し，必ず全員が自分で触って試せるようにしておきます。

　このDVDでは，等速直線運動の実験を見たあとに，CDホバークラフトの実験で遊んだり，「力×時間」の実験を見たあと，ペットボトルを使ったテーブルクロス引きの実験やコイン落としの実験で子どもたちに遊んでもらうととても効果的です。これらの実験の説明が41ページ以下にありますので参考にしてください。

　映画の実験を見て，「エッ，そんなふうになるんだ」「知らなかった，オモシロイ！」と思ったことは，自分でも真似してみたい気持ちになるものです。そうした好奇心をタイミングよく満たしていくことで，映画で学んだことと自分の実感がつながり，子どもたちは自分自身でやって科学の法則がわかった，という感じを持つようになります。じっさい，実物教材での実験を取り入れてみると，子どもたちから「映画で見た実験を自分でやってみたので，とてもよく理解できた」という感想がたくさん返ってきます。そして，感想だけでなく自分の手で触って"確かにそうなる"ことを試しているときの子どもたちの表情は，とても生き生きしています。子どもたちが，自分で納得しながら学ぶことができれば，科学を学ぶことそのものがたのしくなってくるはずです。たとえば，テーブルクロス引きの実験には，「手品のような面白さ」があります。しかし，その面白さは，もともとは「力×時間」の法則の面白さなのです。つまり，「時間がゼロに近ければ，勢いはほとんどゼロだか

ら，テーブルクロスの上のものは動かない」ということなのです。そのことが実感できたときの感動は，とても大きなものとなるのです。

8．学習の評価と感想を聞く

　学校での場合，映画での学習が終わったところで，アンケート用紙を用意しておき，子どもたちに「この学習はたのしかったか」というアンケートと感想を聞きます。あまり意見が出ない静かな授業の場合でも，感想を聞くと子どもたちの反応がよいということがよくあります。アンケートは次のように聞くのがオススメです。

　1．この学習はたのしかったですか
　　次の5段階の数字で聞きます。
　　5．とてもたのしかった／4．たのしかった／
　　3．たのしかったともつまらなかったともいえない／
　　2．つまらなかった／1．まったくつまらなかった
　2．感想
　　次のようなヒントを添えておくと書きやすくなります。もちろん，ここに挙げたこと以外の感想でも構いません。
　　「この学習で，初めて知ったことはどんなことですか。この学習をやっておもしろいと思ったことはどんなことでしょう。〈意見は言わなかったけれどこんなことを考えた〉など」

　科学映画の授業のあとにこうしたアンケートを取ると，ほとんどの場合，80％〜90％の子どもたちが「授業がたのしかった」「よくわかった」と答えてくれます。そして，「学習内容そのものについてよくわかった」という感想だけでなく，「自分の知らなかった新しいことがわかって世界が広がった」といった感想，「友達と意見を出しあったことがおもしろかった」「予想を考えてみるというのがよかった」「自分が意見を言うことができたのがうれしかった」といった感想も出てきます。

このように，自己表現ができたことや仲間とコミュニケーションできたことのたのしさについて書いてくれる子がたくさんいます。

　映画とその映画に合わせた視聴プリントなどは，いうならば授業の台本で，〈たのしくてわかる授業〉を決定する基本要素の８割を占めるといってよいでしょう。

　授業は生き物です。残りの２割は実際の子どもたちの反応に合わせて，先生役の方の力で子どもたちを引きつけ，子どもたちに科学の法則に気付く楽しさを伝えていただきたいと思います。

◆仮説社ＨＰ（奥付参照）より以下の資料のPDFファイルをダウンロードできます。
・視聴プリント解説──映画を一時停止する位置を，映画のナレーションの言葉とタイムカウントで示しています。参考にしてください。
・視聴プリント──配布用印刷原稿（B5，６ページ）です。
・フリップチャート──映画の静止画など掲示用チャート，A4サイズなので授業ではサイズを拡大してご利用ください。
　（HPの視聴プリントや視聴プリント解説は，今後の実践の結果改訂されることがあります。ときどき確認してください）

視聴プリント──
「力は時間と一緒にはたらく」補足資料 (使い方は 24 ペ参照)

【質問０】花びんを横に押したり引いたりしたとき，どんな力がはたらいているでしょうか。

みんなで考えを出しあいましょう。

映画を見たあと，花びんにはたらく力を〈力の矢印〉で書いておきましょう。

１．摩擦力がはたらかない世界

【質問１】もし摩擦力がなかったら，花びんを押した手を離したあと，花びんはどうなると思いますか？

〈予想〉
　ア．しばらくのあいだそのまま進むが，やがて止まる。
　イ．ずっと，そのまま動き続ける。
　ウ．すぐに止まる。

どうしてそう思いますか，みなで意見を出しあいましょう。

〈結果〉

〈まとめ〉

2．力を加え続けると，速さはどうなるか

2−1．ウサギとカメの競走（1ラウンド）

〈条件〉以下のような条件でウサギとカメに競走させます。

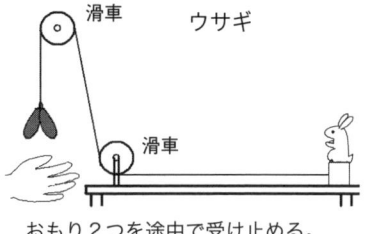

おもり2つを途中で受け止める。
そのあと，引っぱる力ははたらかなくなる。

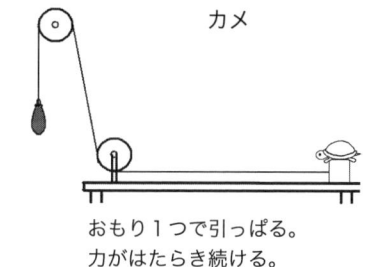

おもり1つで引っぱる。
力がはたらき続ける。

ウサギにかかる力：

カメにかかる力：

〈結果〉

　ウサギ：

　カメ：

2−2．どんどんスピードがでて，速くなるもの
【質問2】カメのように力が加わり続けることで，スピードがどんどん速くなる乗り物は何かありませんか。思いついたものを出しあいましょう。

【やってみよう1】CDホバークラフトの実験

3．「力」と「力を加え続ける時間」で，「速さ」はどうなるか

〈ポイント〉
「ア　　　」と「イ　　　　　　　」と「ウ　　　」
の関係には，どんな法則があるのでしょうか。

3－1．ウサギとカメの競走（2ラウンド）
一定の速さ（等速）になったときのスピードは，どうなるか

【問題1】ウサギの滑走体をおもり2つ，カメの滑走体をおもり1つで引っぱることにします。このとき，引っぱる力が半分のカメを，2倍の時間引っぱり続けることにしたら，それぞれのスピードはどうなると思いますか。ただし，一定の速さ（等速直線運動）になったときのスピードで比べることにします。下の表に力と時間を書いておきましょう。

ウサギはメトロノーム3拍，カメは6拍のあいだ引っぱります。

	引っぱる力の大きさ	引っぱり続ける時間
ウサギ		
カメ		

〈予想〉
　ア．カメの方が，スピードが速い。
　イ．ウサギの方が，スピードが速い。
　ウ．どちらも，同じスピードで進む。
　どうしてそう思いますか，みなで意見を出しあいましょう。

〈結果〉

3−2．ウサギとカメの競走（3ラウンド）

【問題2】ウサギとカメを引っぱる「力×時間」を同じにすると，それぞれ一定の速さ（等速）になったときのスピードはどうなると思いますか。ウサギのおもりは3つ，カメは2つ，また，引っぱる時間はウサギ2拍，カメ3拍にします。

	引っぱる力の大きさ	引っぱり続ける時間	力×時間
ウサギ			
カメ			

〈予想〉一定の速さ（等速）になったとき
　　ア．ウサギの方が，スピードが速い。
　　イ．カメの方が，スピードが速い。
　　ウ．どちらも，同じスピードで進む。

どうしてそう思いますか，みなで意見を出しあいましょう。

〈結果〉

〈まとめ〉
　　ものが動く速さは，＿＿＿＿＿＿＿＿＿＿＿＿＿＿＿＿で決まる。

【やってみよう2】テーブルクロス引きの実験

4．動いているものを止めるときの「力 × 時間」

ある速さで動いていたものを止めるには，逆向きの「力」を「ある時間」かけ続ける必要があります。

4－1．ガラス玉の落下

〈ポイント〉ガラス玉をテーブルの上に落としたときと，ばねのついた受け皿に落としたときで，ガラス玉にかかる「力」と「時間」はどう違うのでしょうか？

どちらも同じ高さから落とすので，ガラスは同じ速さで落ちてきます。これを止めるためには，同じ大きさで逆向きの「力 × 時間」をガラス玉に加えなければ，ガラス玉を止めることはできません。

テーブルの上に落とす　　　　　ばねのついた受け皿の上に落とす

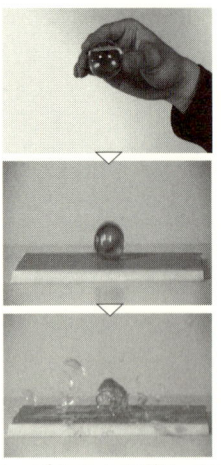

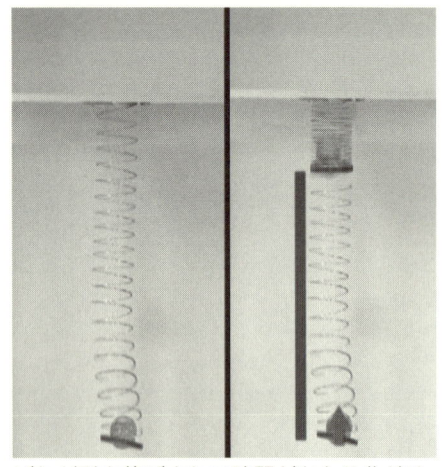

テーブルの上に落とせば割れてしまう。　　ばねが引き伸ばされて時間がかかる分だけ，ガラス玉にかかる力は少なくてすむ。

	ガラス玉が受ける力	受け止めるまでに使った時間
テーブルの上		
ばねつきの受け皿		

4−2. 日常のいろいろなところで見つかる「力×時間」

〈ポイント〉時間を引き伸ばすことで、ものが受ける力を弱めることができます。

釣りざお：
　釣りざおが「しなる」ことで、力がかかる時間を引き伸ばし、糸と魚に急激にかかる力をア＿＿＿＿＿はたらきをしている。

魚がかかってしなる釣り竿

バイクのばね：
　路面のでこぼこや発進、停止などで、バイクの車体にかかる力を、ばねが時間をかけて受け止めるため、乗る人にかかる力をイ＿＿＿＿＿くれる。

バイクのばね（サスペンション）

自転車のサドルのばね：
　段差を乗り越えるときなどにかかる力を、ばねが時間をかけて受け止めるので、乗っている人にかかる力をウ＿＿＿＿＿できる。

自転車のサドルについているばね

【やってみよう3】
　みなさんもこの法則が隠されている現象を、できるだけたくさん見つけてみましょう。

視聴プリント 〈解答〉

【質問0】

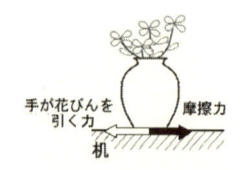

手が花びんを引く力／摩擦力／机

1．【質問1】イ 〈まとめ〉 等速直線運動／同じ速さでまっすぐ進む運動／前向きの力がはたらいていない

2．〈条件〉ウサギにかかる力：おもり2つ分の力で途中まで引っぱる。／カメにかかる力：おもり1つ分の力でずっと引っぱり続ける。
〈結果〉ウサギ：始め速かったが，途中から一定の速さになった。（途中から引っぱる力がはたらいていない）
カメ：力をかけ続け，スピードがどんどん速くなった。
【質問2】ロケットの発射／自動車がスタートして加速するとき／坂道を自転車でブレーキを掛けずに下るとき，など

3．〈ポイント〉ア．力 イ．力を加え続けた時間 ウ．速さ
【問題1】ウ ウサギ＝おもり2・3拍／カメ＝おもり1・6拍
【問題2】ウ ウサギ＝おもり3・2拍／カメ＝おもり2・3拍
〈まとめ〉「力の大きさ」と「力をかけ続ける時間」のかけ算で決まる

4．4-1 〈ポイント〉テーブルの上＝とても大きな力／一瞬の短い時間
　　ばねつきの受け皿＝小さな力／ばねが伸ばされるのにかかる時間
4-2 〈ポイント〉ア．弱める イ．弱めて ウ．小さく

【やってみよう3】キャッチャーがグローブをした方の手を引きながらボールを受ける動作／衝撃を弱めるクッション，など。

映画を見ながら実験！

──よりイメージを豊かにするために

　DVDには，空気を噴き出してほんのわずか浮き上り，摩擦なしに動く滑走体という装置がでてきました。この滑走体と同じような動きをするCDホバークラフトの作り方を紹介します。いつまでも動き続ける滑走体のイメージを思い出しながら，ぜひCDホバークラフトで，遊んでみて下さい。

　また，動いているものの速さ，つまり動いているものが持っている「力×時間」（勢い）は，そのものを引っぱる力の大きさと，その力をかけ続けた時間のかけ算で決まるという話しも出てきました。その法則がこんなものにも成り立っているという実験も紹介します。

滑走体実験 「CDホバークラフト」

材料：小型ペットボトル（高さ10cm程度の乳酸飲料の容器など），ゴム風船，CD盤，強力両面テープ（クッション性のあるものがよい），穴開け用千枚通し，ハサミ

〈作り方〉

① ペットボトルのキャップに直径5mmぐらいの穴を開け，キャップの外側から風船をかぶせる。
② ペットボトル本体の底の中心に直径1.5mmぐらいの穴を開ける。
③ 強力両面テープを図1のように切ったものを2枚つくり，CD盤の光った面の中央（穴の部分）に，2枚を図2のようにぴったり合わせて

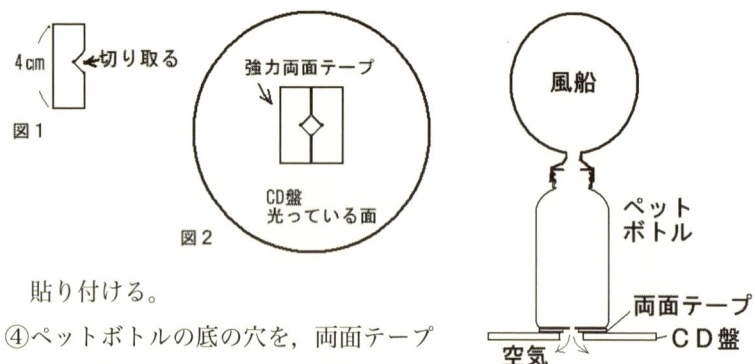

貼り付ける。

④ペットボトルの底の穴を，両面テープのすき間に合わせて，ＣＤ盤の中央に押しつけて貼り付ける。このとき脇から空気もれがないように注意。

〈遊び方〉

① ペットボトルのキャップごと口にくわえて風船をふくらませたら，風船の口元をねじって，空気を逃がさないように押さえる。

② キャップをペットボトル本体にとりつけたら風船の口元をゆるめ，ＣＤホバークラフトを平らな机などの上で軽く押してスーッとすべらせる。

＊ゴム風船が膨らみにくいときは，風船に少しだけ空気を入れて口をねじり風船を押しつぶすようにして風船のゴムを少しづつ伸ばしておくと，膨らみやすくなります。

＊ペットボトルの底に穴を開けるとき，次のようにすると簡単です。ゼムクリップを伸ばして一本の針金状にします。それをペンチではさみ，反対側をガスの炎で熱して，ペットボトルの底に押しつけると，熱で融けて穴が開きます。穴を大きくしすぎないように注意。この作業は火傷の危険があるので，必ず大人がやって下さい。

＊権田信朗「ＣＤホバークラフト」(『たのしい授業』2000年10月号，仮説社)を参考にしました。また，インターネット上でもいろいろな作り方が紹介されています。参考にして下さい。

時間が短いと勢い（速さ）がほぼ0になる実験 「コイン落とし」「テーブルクロス引き」

慣性の法則と運動量保存の法則

　このDVDでは，動かされる物の重さを同じにして「力×時間」の関係をみてきました。

　これは「勢い」をスピードという見た目にはっきりわかる形で示して「力×時間」の効果をみるためですが，動かされる物の重さまで考えると，同じ「力×時間」を与えても，得られるスピードは変わってきます。重い物ほど動かしにくいわけですから，たとえば，2倍重い物を持ち上げるのには2倍の力，3倍重い物には3倍の力が必要となり，重い物ほどスピードという意味での「勢い」は弱くなります。重さとスピードの間には，反比例の関係が生じるので，重さまで考慮にいれて「勢い」を考えれば，

　　勢い（速さ）＝力×時間÷重さ

ということになります。

　この算術風の式は，あまりカッコウの良いものではないので，物理では算術式の両辺に「重さ」をかけて

　　重さ（m）×速さ（V）＝力（f）×時間（t）

　　$mv=ft$

という数式で，重さをふくめた「勢い」と物体に与えられた「力×時間」の関係を表し，mvを「運動量」，ftを「力積」という物理量として扱います。

　この「運動量」という量は，質量やエネルギーと同じく，「保存される量」です。「保存される」というのは，「無くならない」というのと同じ意味です。たとえば，16gの酸素は2gの水素と化合して18gの水になります。酸素も水素も水という新しい物質に姿を変えてしまいますが，その重さは水の中に過不足なく「保存」されています。運動量もま

た重さと同じように，姿をかえても無くなりません。（このことは，このDVDの続編で実験的に検証される予定です）

この，「運動量保存の法則」をよく示してくれる遊びの一つに「コイン落し」という遊びがあります。空のコップの口に硬い紙（名刺などが適しています）をおいて口をふさぎ，その上に十円玉をのせて，紙を指で強くはじくと，紙は宙を飛んで行き，十円玉はストンとコップの底に落ちるという遊びです。

同じような遊びに，テーブルクロス引き（テーブルクロスの上にワイングラスをおいて，テーブルクロスを強くひっぱり，ワイングラスを倒さずに机の上に残す遊び）や，ダルマ落し（何層にも重ねた木製の円筒をおき，その上にダルマをのせておいて，中間の円筒を強く叩いて，叩いた円筒だけを空中に飛ばし，その上にあるダルマや円筒をストンと下の円筒の上に乗せる遊び）などがあります。

こうした遊びは，よく「慣性の法則」の実例として授業などでも使われることがありますが，これは少々考えものです。

慣性の法則を示すのにこの遊びが使われるときは，紙やテーブルクロスは力を加えられて動いてしまうが，上に乗った物は「静止の慣性」によってその位置に止まるので，まっすぐ下に落ちる，と説明されます。

しかし，この説明が不十分なことは，素早く紙やクロスを引き抜かなければ，この遊びは成立しない，ということからも明らかです。もし，上に乗った物が「静止の慣性」という性質でその場に止まろうとするのなら，ゆっくり紙を飛ばしたり，クロスを引いたりしても，同じようにその位置に止まってくれなければ困ります。

この現象は，〈紙の上に乗った十円玉は，紙と十円玉の間に生ずる摩擦力にひきずられて紙が飛んで行く方向に動くのだが，紙が素早く十円玉の下を通り抜けてしまうので，十円玉がうける「力×時間」が，十円玉にコップの外に飛び出してしまうまでの十分な「勢い」（スピード）を与えられないうちに，紙の方だけコップの外に飛んで行き，残された

十円玉は支えを失って下に落ちるのだ〉と説明されなければなりません。こっちの方が正しい説明である証拠に，名刺のようにスベスベした紙でなく，表面がもっとザラザラした紙でやれば，十円玉がコップのまん中でなく，紙を飛ばした方向にすこしズレたところに落ちます。

私がやってみたところ，名刺ではなく，ちょっとオシャレな文房具店などにおいてある，手漉き和紙のハガキを名刺大に切って使ったところ明らかにズレが確認できました。

また，手漉き和紙でやると，十円玉はとにかくコップの中に落ちてくれますが，一円玉でやると，お金が紙におくれてコップの外に飛び出しました。軽くて，動かされやすい一円玉では「まさつで引きずられる力」×「紙が玉の下を通り抜けてしまうまでの時間」が，一円玉に，「紙におくれてコップの外に飛び出してしまうのに十分な〈勢い〉（運動量）」を与えてしまうからです。

十円玉と名刺でやる「コイン落し」は，だれにでもすぐできて面白い遊びですから，このDVDをみたあとで子どもたちと遊べば十分に愉しめます。初めてやる子は要領がわからず，紙を十分強くはじくことができず，十円玉をコップの

紙を強く弾く。するとコインをコップの外に飛び出させるのに十分な勢いを与えないうちに紙がコインの下をすり抜けて，コインがコップの中に落ちる。

中に落すことができなかったりします。このときは「あァア，はじき方が弱かったから，十円玉にかかる〈力×時間〉が大きくなって，十円玉に勢いがついちゃったネ」と説明してやりながら要領を教えれば，すぐできるようになり，「勢い＝力×時間」という「法則」を体験してもらうことができるでしょう。（手漉き和紙と一円玉は，この発展型ですが，ここでは，十円玉と名刺，で止めておいて下さい。一円玉でも名刺ならコップの中に落ちてくれます）

　もうひとつの「テーブルクロス引き」は，ワイングラスの代わりに，下記のように，ペットボトルと紙でもできます。こちらもぜひおためしください。

材料：500mlのペットボトル，ハンカチなどの布（またはＡ４の紙）
〈方法〉
①ハンカチまたは紙の上に水を入れたペットボトルを置く。
②紙をゆっくり引くと，ペットボトルは紙の上に乗ったまま動く。
③ハンカチを素早く引き抜くとペットボトルは，ほぼそのままの位置で動かない。（コツ：机の上の布の場合，机からはみ出した布を素早く下に引き下ろす）
＊大型ペットボトルでやると迫力があります。

（本章の執筆は，「コイン落とし」が牧衷，それ以外は長谷川智子。写真は，「コイン落とし」は泉田謙，それ以外は長谷川貞雄）

映画制作秘話

長谷川高士　制作担当（ルネサンス・アカデミー株式会社）

　今回の科学映画の撮影は、制作陣にとっても「よもやこうなるとは思わなかった」といった波乱万丈のドラマの連続でした。思わぬトラブル、逆転の妙案、修正ありといった裏舞台は、本来は視聴者には映画に集中してもらうために一切見せないものです。しかしその反面、裏舞台のことがわかると、なぜその映像を使ったのかがより理解しやすいと思いますし、「ちょっと家庭用のビデオカメラで撮ってみよう」ということがなかなかできない理由もわかっていただけるかもしれません。

高校生たちの議論

　もし摩擦がなくなったら、押した花瓶はどうなるか？　に続く高校生たちの議論の収録は、学校で物理を学んだ経験のないルネサンス高等学校の生徒に協力してもらいました。最初は、ほぼ脚本通りに声をあててもらうという考えで「なるべくボソボソしゃべって、聞こえるような役者を探してほしい」というのが監督の牧さんのリクエストでした。声優のようなはっきりした声でセリフを読んでしまうと、どうも子どもの心の中の率直な気持ちというより、制作者側がそういいたいんでしょ、という感じに仕上がってしまいそうで、なんとか素人をつれてこようと思っていました。そんなとき、ちょうど3月の卒業を控えて卒業制作で来ている高校生たちに声をかけることができ、映画の議論部分をお願いできないかと頼み込みました。

実際の議論はわずかに修正していますが，議論は映画の中で話されているとおりに展開しました。「車だったらどうなるのかな」「あぁそうだ車なら……」といった，身近な世界で摩擦がなくなったらどうなるか，面白い想像が膨らんでいくのを目の当たりにして，牧さんはにやにやしています。脚本に書いていない議論の応酬が起こりはじめていました。彼ら高校生は，自分がイメージをした摩擦のない世界だったら何が起こるか，頭の中のイメージを伝えようと一生懸命なように見えました。四人の中で，「こうだったらどうかな？」「そうそう，そうなるよね」という摩擦のない世界のイメージが共有されていって，「始めはそう思ったけれど，やっぱり〈ずっと滑っていつか止まる〉かな」といった予想の変更もありました。

　その中で1人，地球の話を始める生徒（S君とします）がゆっくりと話しだしました。S君は，「ずっと滑って（引力があるから）いつか止まる」を最初からイメージしていました。ところが話しているあいだに，彼のイメージは最初の予想から「引力があったって地球が丸いから，止まらないよね？」と，予想を変えようとしたのです。

　実は，彼がこの議論の中で地球の話をいいかけたとき，「何が言いたいんや！（映像中ではカットされてます）」と言われて口ごもってしまいます。彼の担任の先生に聞くと，彼は考えるのは好きなようだけれど，学校の成績はまあまあ，けして人前で強く自分の意見をいうタイプでもないと思うということでした。その彼が，議論の中で用意された脚本のセリフを超え，摩擦のない世界のイメージを持ちかけているということを，自分を含めて関係者全員が感じとりました。

　理系でもない，科学者になるつもりもない彼らが議論した内容の発展をききながら，地球というイメージがでてきたこと，そして彼のいわんとしたことが物理学者の考える慣性の運動だということが嬉しくて，「やった，ライブ収録は大成功だぞ！」と心の中でつぶやいていました。そのとき慌てて差し出した紙に，どんなことを頭の中で考えていたの

か，メモを書いてもらいました。そのメモをもとに作ったのが，この議論の間に流れる黒板の動画になりました。

　収録が終わったあと，牧さんからS君たちに「君と同じことを考えた人が，ガリレオ・ガリレイ。彼は地球の周りをまわる慣性運動というイメージから彼の物理学を考えだしたんだ」とお話がありました。まっすぐに進もうとして，その度に地球に引っ張られ続ける，その結果ずっと回り続ける宇宙空間での運動はそのまま地球をまわる人工衛星の軌道です。これは今回の摩擦がなく引力がある世界そのものです。ガリレオも，S君と同じイメージを持っていたのです。S君，すごいじゃないか。

　「いつかどこかで止まってしまうだろう」と考えた他の高校生たちは，教科書や参考書の「答え」ではなくて自分たちの常識で真剣に考えてくれたことも，彼らに感謝したい部分であり，そしてライブ収録という方法でしかこの声は録音できなかったなと感じる部分です。恥ずかしがらず，不自然なセリフでもなく，自分の日常の延長で考えてくれたからこの収録ができたのだと思います。

　たとえ間違ったとしても，その間違った考えには，彼らなりの根拠があってのことなのだと，この場にいてはっきりと感じました。子どもたちや，初めて学ぶ人たちが「これまで習ったことのない問いかけ」に対して考えるときには，今まで自分が体験したこと，自分で触ったり調べたりしたことや，本で読んだり誰かから聞いたことをもとに想像して答えを探そうと試みているのだと思います。「摩擦がなくとも，引力があるからいつかは止まる」という考え方は，議論をしてくれた高校生たちが教えられる前から直観的に持っている，自然発生的な物の見方です。ところが，これまでの人生から学び取ってきた物の見方，直観的に正しいと思える考え方が，物理の法則とは違っていることがあるのです。その自分が持っている見方がうまく現れたのがこの日の収録でした。

　ライブ収録を撮っている間，ふと「あれ，ずっとまわり続けていくんじゃないかな？」というイメージを持つ人が，これから先も現れてくれ

るんじゃないか、という予感がしてきました。物理学を志すわけではない誰でもがガリレオと同じことを考えられるんだ、と彼らが一番証明してくれたように思えたのです。

脚本から映像へ

　オープニングのバックに流れている映像は、公園の噴水の水が飛び散る様子です。人間の目には一つ一つの水の粒が飛ぶ様子は細かすぎ、そして速すぎて目には見えません。しかし水同士が細かい粒になると、放物線を描いて飛び散っていくのです。この様子を捉えるために使ったのが、ハイスピードカメラというものです。ハイスピードでの撮影では、1秒間に240枚（8倍）の写真を連続して撮るような撮影をしているので、元々の素早い動きをゆっくり滑らかにみせることができます。ハイスピードで撮影すると、白い泡のかたまりがはじけていくだけの噴水の粒が飛び出していく様子がよくわかり、速すぎて目に見えない世界が驚くほど美しいんだと気が付きました。同じ撮影方法を使ったのが映画の後半にでてくる、色水の入ったガラス玉を落とす実験です。割れたガラスと入っていた色水がゆっくり飛び散るとてもきれいな映像で、その後にバネを使って受け止めると割れないという実験が続きます。

　脚本の検討段階では、卵を落とすのはどうかと考えていましたが、監督の牧さんは「そんなものは全く美しくない」と大反対。ガラス玉を作って中に色水をいれたものを使うということで、脚本ではこの部分は、

　「玉の1つを取ってテーブルの上に落とす。割れて飛び散る水とガラス（落とす高さは30cm、落下時間は約1/4秒となる）ハイスピード撮影」

と書いてあります。次のばねで受け止める方もその部分を抜き出してみると、

　「玉を落とす。バネがビュンと伸び　玉を受け止めてバウンドする」

となっています。

　書いてある内容からは、ガラス玉を用意して落として割る瞬間を撮る

のと，落ちた玉がバネで受け止められる瞬間を撮ればいいのだな，ということで，比較的他の実験よりも簡単だろうと考えていました。

　ところがこの二つの映像の撮影は準備段階から簡単には進みませんでした。まず，ガラス玉が一般的なお店で売っていません。探していくうちに，江戸川区の江戸風鈴工房が「直接きてください，その場で調節して作りますよ」と相談にのってくれました。江戸風鈴工房は昔から続いているそうで，今も親子三世代で作っているとのことでした。

　事情を話すと，あっという間に熱したガラスを管の先端につけて，器用に回しながら息を吹き込み，ガラス玉を作ってくれました。硬さについても，1mほど上から金づちの上に落として割れる様子をみせて，きれいに割れたことを確認させてもらいました。伝統工芸の技術が今も生きていること，小規模に特注品をすぐに作ってくれる人たちのおかげで映画ができているということに感謝しながらガラス玉を持ち帰りました。

　こうしてガラス玉を作ることはできましたが，準備はまだまだ残っています。ガラス玉は割ってしまったら使えないので，練習はゴルフボールです。他にも，撮影スタジオ内にガラスが飛び散ってもいいようにビニールを敷き詰め，色水が飛び散ってもいいように壁を作り，ガラス玉を落として割る台も自作と，必要なものは買ってくるというよりもその場で作るという作業の連続。結局，朝から夕方までかけて準備にかかり，夕方からいよいよ撮影。

　そして迎えた落下実験の本番，なんと落としたガラス玉が割れません。緊張した面持ちの参加者も全員落胆の声がでます。何しろ，準備には道具の制作を含めても何日もかかっています。ここで失敗のまま終わるわけにはいきません。

　割れない理由を考えてみると，机が木でできていることで，ガラス玉に一瞬にかかる衝撃を分散してしまったからのようでした。そこで机の上に鉄を置き，その上に落とすことにしました。今度は「パリン！」と

無事に割れてくれて，カメラマンが「すごいきれいだからみんな一緒にみよう」といって，ハイスピードカメラの中にガラスと水とが割れて舞い上がる一瞬をスタッフ全員で眺めました。それが映画の中で，ガラスと一緒に飛び散る様子になっています。ほっと胸をなでおろしました。

　ところが，脚本の次の部分，机の上に開けた穴から落ちて，バネで受け止める方はもっと難航しました。穴に落とすというのはとても簡単に感じますが，穴の上30cmを過ぎたあたりからわずかなブレでも穴のふちにあたってしまい，バネの中にまっすぐ落ちていきません。穴は，ガラス玉よりも2cmぐらいは直径が大きいのに，練習用のゴルフボールはまっすぐに落ちていきません。上から落とすために，レーザーで測定してみたり，前と横から人間が目視で確認して落とそうとしたりという工夫を積み重ねましたが，全てうまくいきません。どうもごくわずかな違いがブレを生んでしまうようです。

　その結果，穴に垂直に上になる地点にガラス玉の大きさ分の支えを作って，その支えを使って落とすという仕組みを作成しました。しかしこの時点で，深夜になってしまい，また後日やり直すとしても撮影準備だけで時間がかかってしまうことを考えて撮影を強行，徹夜での撮影となりました。この時の私の気持ちとしては，「徹夜にならなくても撮ることができないか，徹夜でもスタジオは許可してくれるか，そもそも撮れるか」と不安な気持ちが強くありました。

　幸い，ガラス玉はうまく落ちなくとも割れないことが多く（ガラス玉の中には，少しガラスが厚いものがあったのです），NGとなっても撮りなおせるのですが，台の下に吊るしたバネはどうしても揺れが収まりません。一回失敗するたびに，バネの揺れが収まるのを待つ，という時間が過ぎていき，真夜中過ぎにようやくガラス玉がバネのなかに落ちてくる映像をハイスピードカメラでとらえることができました。

　映画の中でもハイスピードカメラでとらえたガラス玉の実験は落ちて割れる瞬間も美しく，バネによって割れない瞬間も貴重な，印象に残る

実験となりました。

「こんな簡単そうに脚本に書いてあるけれど，やってみたら簡単にはできないぞ」しかも「せっかく撮った映像はほとんど使われないか，場合によってはお蔵入り」ということの連続ですが，そうしたことは映像を見ている人にはふつうは一切見せません。科学映画の撮影は本当に大変ですが，それだけに完成した美しい映像になっているのをみると，あのとき頑張った分が報われたかなぁと感じます。

力学入門は「力×時間」から

高校の物理の先生にこの映画の内容を話したときの最初の反応は，「力×時間」つまり力積は，物理の最初では扱わないよ，どうしてそこからが力学の入門になるの？」というものでした。今の教科書を開くと，文系の生徒が履修する「科学と人間生活」にはこの内容はでてきません。物理については「物理基礎」と「物理」の2冊に分かれていて，確かに物理基礎の最初は力がどのようにはたらくか，等速直線運動，等加速度運動を扱いますが，そのまとめとしてでてくるのは，「力×時間」ではなく，運動方程式 $F=ma$ となっています。

「力×時間」が出てくるのは，基礎が終ったあと，「物理」の衝突のところです。ですから，多くの物理の先生方は，「物がぶつかったときのことを説明するための考え方は，力全般から考えると，ごく特殊な事例だ」と考えていることでしょう。その一方で映画の制作を通じて，「力×時間」というのは，物がぶつかるというより「力が加わるイメージ」を与えてくれるものだと考えるようになりました。ものが動く，力がかかるということは身の回りのどこでもあふれている，とても基礎的なことです。

誰でも，本を動かす，カバンを持ち上げる，椅子に座る，釘を打つといった日常の隅々に，そして物を投げたり，受け取ったりといった生活や，ボールを投げたり蹴ったりするスポーツの隅々に力を働かせたり，

止めたりする機会があります。「力×時間」で考えられる現象は非常に広いのです。これら日常的な経験があるなかに「力×時間」という説明がつけられ，イメージができるようになれば，次のステップとして発展的な力学を学ぶときの基礎として役に立つでしょう。それがこの映画の内容を入門として扱う理由です。

　高校生だった頃，私は高校で物理を学びませんでした。その当時は物理か生物かを選択しなければならず，生物学が面白いと思っていた私には，物理は数式ばっかりで苦手なものと映っていました。今の高校生も，文系に進む生徒の多く，そして理系であっても物理を選択しなかった生徒たちは，この内容を学ぶ機会はありません。しかし映像で気がつくようになってきた自分のように物理を学んだわけではなくとも，身近なものに「力×時間」を当てはめて考えることができるようになるはずだと考えています。

　ところで，ある日電車の中で，中学で長谷川智子先生の，科学映画を使った授業を受けた卒業生に出会いました。今は高校生で，物理を勉強しているそうです。「科学映画の内容を覚えている？　それとももっと細かくシーンの映像として覚えている？」と聞いてみると，作用反作用や浮力の映画のシーンを映像として覚えていて，高校の授業でも役に立っているということでした。イメージを強く印象に残せる映画の強さをみたように思い，こうした生徒が増えてくれたらいいなと思いました。

　この映画を「物理基礎を学び終わった人へ送る，力積を丁寧に扱った映画」とだけ考えるのではなく，これから物理を学び始める人や，その先物理を学ぶ機会がない人へもぜひ見ていただきたいと思います。

●あとがき
確かな判断基準を持つために，「物理なんて大嫌いという人のための物理学」を

牧 衷　監督・脚本

私の物理学に対するモヤモヤ

「作用・反作用」というのがなんだかインチキ臭くて物理が嫌いだった私が，イメージ豊かにこの法則を教えてくれる人に出会ってモヤモヤが晴れる思いをしたのは，前に書いたとおりですが（4ペ「物理が〈イメージでわかる〉とは」），私の物理学に対する「ナンだかなァ」という気持ちは全面的に晴れたわけではありませんでした。というのは学習が進むにつれて，また新しいモヤモヤの種が出てきてしまったからです。

ふつう，力学の学習課程では，静力学の課程が終わると「力と運動の力学」の学習に進みます。この学習課程は今も昔も変わらず「等速直線運動」（物が一定のスピードで，まっすぐ進む運動）の観察，等加速度直線運動（物体に一定の力が働き続けるときの運動）の観察，加速度（物体が直線的にスピードを増して行くときの，スピードの増し方の時間当たりの割合）の定義。そして，運動方程式といわれる $F=ma$ という式へと進みます。ここで $F=ma$ の F は，英語の「力」（フォース，force）の頭文字で「力」という意味。m は英語の「重さ＝質量」（マス，mass）の頭文字で，「物体の重さ」という意味。a は英語のアクセラレイション（acceleration）の頭文字で「加速度」という意味です。つまりこの式を日本語に書き改めれば，力＝物体の重さ×加速度ということになります。（こんな書き方は，人をバカにしている，と怒られる方もいらっしゃると思いますが，私

は $E=1/2 \cdot mv^2$ だとか，$Zn+H_2SO_4 \rightarrow ZnSO_4+H_2$ などという式をみたとたんに，ソッポを向かれてしまう方々にこそ，この文章を読んでいただきたいので，あえてこういう書き方をしています）。

　ところで，「力＝重さ×加速度」という式を普通の日本語に翻訳してみれば，「力とは，物の動く速さに変化を与える作用である」ということになります。つまり，この式は「力」の定義を与える式であって「運動そのもの」（たとえばスピードとか，勢いとか，私たちが日常見慣れている〈力の効果〉などなど）については何も語ってはくれません。その上，「力は物の動く速さに変化を与える作用」だというのです。重い荷物を持ったり，重い机を押し動かしたりするときの，力の僅かな手応えがまったくなくなって，力抜けしてしまい，幽霊のようにフワフワ宙に浮いてしまいました。ところが，練習問題を解く段になるとやたらとこの $F=ma$ を使わなけりゃならないのです。静力学のときの「反作用の力」のときと同じモヤモヤが生じてしまいました。私はまたモヤモヤしながら，物理なんてイヤだ，と心の中でつぶやきながら，点数欲しさの問題解きを続けなければなりませんでした。

物の自然本然の姿は等速直線運動（慣性運動）なりというイメージ

　ところが，そんなことが続いているある日，突然，ある考えがひらめきました。アインシュタインとインフェルトの共著，『物理学はいかに創られたか』（岩波新書，1939）という本を読んでいたときだった——ということだけは覚えていますが，それがどこだったかは思い出せません。今，読み返してみても，そんなことが書いてある場所はみつかりません。

　物理が好きでもないのに，なんでこんな本を手にとったのか，多分，アインシュタインほどの人の書く，「物理学はいかに創られたか」なら私のイヤな感じの正体がわかるんじゃないか，などと考えたんでしょうか。本の内容は，相対性理論に至る物理学史のようなもので，とても受

験生の私の手に負えるようなものではなかったのですが,そのどのページかを読んでいるときに,ふいに思いついたのです。
「物の自然本然の姿は,静止じゃなくて,等速直線運動なんじゃないか?」「そうだ惰性だ! 惰性が一番楽な形なんだ!」

このアイディアが頭に浮かんだ瞬間,さまざまな想念が,このアイディアにとびついてきました。「そうか,静止というのは運動の中の特異点だ——」

私は,そのとき,明らかに,瞬間的に「慣性の法則」の見直しをしていたのでした。私が慣性の法則を教わったのは,小学校のときだったか中学生になってからだったか,とにかく私が教わった慣性の法則というのは,〈言葉〉でした。言葉でいえば「静止している物は静止し続け,動いている物は動き続けようとする。これを〈慣性の法則〉という」というものでした。

「——ウン,止まっているものは止まっていようとする。そうだよな,力を入れて動かさなきゃ動かないもん。動き出したものは動き続けようとする——そうだよな,勢いがあるもんな(でも勢いはそのうち弱くなって静止の状態に戻っちゃう)——」私はごく自然にそう思って(感じて)「慣性の法則」を受け容れていました。つまり,物には〈静止〉と〈運動〉という二つの〈状態〉がある。この二つの〈状態〉では,静止が自然本然の状態で,それに「力」という外部からの強制力が働くから,物は〈静止〉という〈自然本然の状態〉から〈運動〉という別の〈状態〉に移る。動いているものを止めるときには,その反対,「力」というのは,この〈状態変化〉をおこさせる作用だ,とイメージしていたのです。だから,$F=ma$ で「力は物体の速度を変化させる作用(静止と運動という二つの状態の状態変化をおこさせる作用は含まれていない)」と言われると,私の頭の中では,急に「力」が実感と離れてフワフワと空中を漂いはじめてしまったのです。

ところが,見方を逆転させて〈運動の方が自然本然〉と考えると,と

たんに見えるものが違ってきたのです。「そうか, 数学の方の,〈なんにもない〉(0) も数のうち〉ってのとおんなじだ。〈静止(速度0)も運動のうち〉ってわけか, フン, 静止とは, 速度0の等速直線運動なり。これが〈慣性の法則〉か。そういえば, 静力学でやたらと力の釣合いをやかましくいうのは, 静止という状態は〈物にかかる諸力が釣合ってる場合に限る〉ってことを教えるためだったのか？ でもなァ, そんならそうと初めから教えてくれよ！ これならたしかに〈力は物体の運動の速度を変化させる作用〉だぜ——というわけで, 私の「力観」をフワフワの幽霊にしてしまった $F=ma$ に, 急に足が生えて大地をしっかり踏みしめることになって, $F=ma$ についての, 私の「ナンだかなァ」という感じは消えてなくなり, 力学に対する見通しはいっぺんにパッとよくなりました。永遠に続く等速直線運動に地球の引力が加われば放物運動になり, 一点を中心に引っ張る力が働けば円運動になるというふうに, 教科書にでてくる様々な運動が芋ヅルのようにみんなつながってイメージできるのです。

突然のひらめきの瞬間

こんな瞬間がなぜ私に与えられたのか, 私にはわかりません。とにかく〈突然, ひらめいた〉のです。突然ひらめくのはなぜか？

この謎は, ずっと後年になって読んだ本ですが, トランジスタの発明でノーベル物理学賞を得たウイリアム・ショックレーという人の書いた「メカニックス」という本の中で解けました。メカニックスといえば英語で「力学」のことですが, この本は, 力学の教科書というよりは, 力学を例にとって,〈創造的なものの考え方〉を, 物理学を志す大学生や大学院生にむけて語った本です。

ショックレーは, この本の中で, こんな問題を例に出しています。「139人の選手が参加するテニス・トーナメントで, 優勝者がきまるまでには, 最大で何試合やることになるか」

ショックレーは，理論物理学者らしく，極めて厳密に議論を進めていますが，要約すれば，一番単純な選手二人のトーナメントから考えて行き，それを図に描いてみることをすすめます。選手が二人なら簡単ですが，選手を増やして行くと図はこうなります。

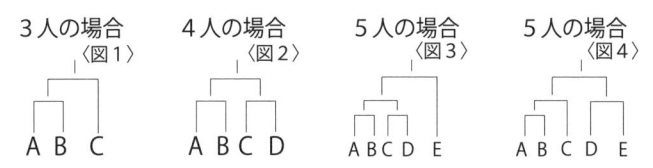

```
3人の場合      4人の場合      5人の場合      5人の場合
 〈図1〉        〈図2〉        〈図3〉        〈図4〉
  A B C        A B C D       A B C D E     A B C D E
```

　三人なら〈図1〉で試合数は2，四人は〈図2〉で試合数は3。五人になると〈図3〉か〈図4〉で，すこし複雑になります。

　こういう図を139人になるまで描いて行けば，答えは得られる，という見当はつきます。しかし，これを10人くらいまでやってみれば，組合せの数が膨大になって，とてもやれそうにないことに気がつきます。なんかうまい数学的方法はないものか，と考えながら，図を描いたり消したりしているうちに，ヒョイと勘が働いて，描いた図のどれをとっても，試合数は〈選手の数マイナス1〉だということに気づく，というのです。では，どうしてか？　そしてまた，ああでもない，こうでもないがはじまります。そして，こんなふうに問題をいじくりまわしているうちに，問題になれてくる。そうすると，ある瞬間（突然洞察がひらめいて）鍵になる「目のつけどころ」がわかる，というのです。この問題でいえば，負ける選手の数に目をつければいい，ということが，突然ひらめく。すると問題は自明のことになる。問題はトーナメント試合ですから，負けたら終わり。一試合ごとに一人，〈それで終わり〉の選手が出るわけですから最後まで負けなかった選手（優勝者）が決まるまでには，優勝者以外の全選手が一回負けるだけの試合数がなければならない。つまり，選手の数が何人であろうと，優勝者が決まるまでには，全選手数マイナス一人（優勝者）の数の試合がなければならない。これで謎は解けた，というわけです。

哲学的感動

　おそらく私の「慣性の法則の発見」も，イヤイヤながら続けていた受験勉強の間に，知らず知らずのうちに〈問題に対する慣れ〉が生まれ，〈突然のひらめき〉の瞬間が生まれたのでしょう。ショックレーは厳密な理論物理学者らしく，事を物理学の世界に限っていますが，このときの私の想いは物理の世界に限りませんでした。いろいろな想いが〈静止とは速度０の等速直線運動〉という悟りを核にして，群がるように飛びついてくるのです。哲学の兄から聞きかじっていた哲学言葉がとびついてきます。「コペルニクス的転回」「事物を静止の状態ではなく運動の状態において捉える」──「ああ，これがそうか！　動いてるんだ！　昨日は今日じゃない。明日が今日であってたまるか！」毎日際限なく続く（と思われる）受験勉強の日々にウンザリしていた私を元気づけてくれる声まできこえます。音楽もきこえます。ベートーヴェンの第五交響曲。ハ短調の第三楽章の終わりにハ長調に移って行く三二小節の緊張。その緊張の極み。爆発するように切れ目なく響く第四楽章ハ長調のファンファーレ，ドーミーソーファミレドレド。ドドレ，レレミ──その響きに乗って，私の投げた球が，まっすぐに，速度を保って，天空の遥か彼方へ飛んで行く，そんなイメージが浮かびます。

　これは，物理がわかった，などという喜びとはまったく別の「哲学的感動」でした。世界が違ったものにみえてくるのです。

　ショックレーも，この「歓び」について語っています。そして，この「歓び」を感じてもらうことこそが，私の講義の眼目である，と言っています。私は，ショックレーのこの主張に大賛成です。

人生を豊かにする感動を物理から

　話は少々大上段になりますが，そもそも将来科学者にも工学技術者になる気もはずもない大部分の小・中・高の生徒たちに，物理なんぞを教える目的はどこにあるのでしょうか。これに対する答えは，答える人の

立場，考えによって各人各様でしょう．中には，物理なんか必要ない，と主張される方もあるかもしれません．私はこの主張にも一理はある，と思います．学ぶということを，まったく実用的に考えれば，正直の話し，今，小・中・高の段階で教えられている物理も化学も，いや，数学だって，歴史や地理だって，ほとんどまったく役に立ちませんから．

でも，私はそれらすべての科目は教えられる価値がある，と思っています．でもそれには教育の目標を妙な「実用主義」から解放してやることが必要だと思っています．私は，これらすべての科目を通じて得られる自然観・社会観・世界観ひいては人生観に至るまでのもろもろの「観」を確かな基礎の上に作りあげることこそが，初等・中等教育の目標でなければならない，と考えています．

これらもろもろの「観」は，日常の経験をもとに，自然に身についていきます．しかし，それらの自然発生的な〜観は，必ずしも確かな基礎を持っているわけではありません．自然・社会・人文の諸科学の中には，人々の自然発生的な〜観を大きく裏切るものがたくさん含まれています．それらの確かな基礎をもつ「観」に出会って「目からウロコが落ちる」思いをした人たちの，世界を見る目は確実に拡がるでしょう．そしてなによりも，それらの観によって目を見開かされたときの感銘・感動は，優れた芸術作品にふれたときの感銘・感動と同じ質・同じ力をもって，その人の人生を豊かに，たのしいものにしてくれるでしょう．

ほんとのところ，私は今だって，物理や化学より詩や音楽の方がずっとずっと好きです．でも物理や化学だって，詩や音楽が与えてくれる感銘と同じ力で，私の人生を豊かに，たのしいものにしてくれました．

私は，「この私の経験を一人でも多くの人に知ってもらいたい」と考えて，このDVDシリーズを計画しました．いや，人のためというより，自分自身のために，あの感動的な体験を再体験するために，このシリーズを作るのかも知れません．物理なんか金輪際好きになってやるもんか，と考えた私自身のために．

謝　辞

　映画というものは，実に大勢の方々の力が一つになってでき上がるものです。このDVDをつくるに当たってもたくさんの方々のお力添えをいただきました。

　とくに，撮影現場でのセットの設営をはじめとするさまざまな「肉体労働」という，それこそ縁の下の力持ちに，惜しみなく時間と労力を寄せて下さった「科学映画を観る会」（毎月一回，東京の仮説会館で開かれている科学教育・技術映画の鑑賞と検討の会）の皆さま。

　制作中の仮編集・仮ナレイションの試作ディスクを使って実際の授業を行い，映画の脚本や構成について貴重な御意見をいただいた渡辺規夫先生（長野県立上田高校）をはじめとする「上田仮説サークル」の皆さま。

　そしてなによりも，このDVD制作の機会を与えて下さったルネサンス・アカデミー株式会社の桃井隆良社長に心から御礼申します。

　また，いささか異例なことですが，私の無理な注文にいやな顔ひとつせず，献身的に私を支えて下さったスタッフの方々にも謝意を表したいと思います。本来このような場所で，DVDのクレジット・タイトルに名を連ねている方々に，私が謝辞を述べるなどということは，読者・視聴者に対して失礼に当たる行為といわねばなりません。その失礼をあえておかしてもスタッフの方々にお礼を言いたいと思うのは，かつての科学映画づくりの伝統が絶えてしまった今日，五十年ぶりに現場の指揮をとる私の昔流のやり方によく順応して下さったスタッフの方々の苦労は並大ていのものではなかったろうと思われるからです。

　とくに，撮影・編集に当たって下さった金子祐亮さん。CG製作の大渕旬さん。また本業でもないのに，実験の装置製作や予備実験の困難に当たって下さった長谷川貞雄さん。御協力，ほんとうにありがとうございました。

2013年　夏　　牧　衷（まき　ちゅう）

【著者紹介】
牧　裏（まき　ちゅう）
1929　東京下落合に生まれ，横浜で育つ。
1958　東京大学文学部西洋史学科卒業。
1958　岩波映画製作所入社。科学教育映画や企業紹介映画等の企画・脚本・制作。
1973　科学教育映画製作への貢献により科学技術映画祭功労者特別顕彰受賞。
「とぶ」で科学技術映画祭内閣総理大臣賞を受賞。「大は小を兼ねるといえども」でビアリッツ映画祭（仏）ゴールドメダル受賞。岩波DVD「たのしい科学教育映画シリーズ」企画構成。元法政大学工学部講師（技術社会論）。元科学技術映像祭審査員。

長谷川　智子（はせがわ　ともこ）
1952　生まれる。
1975　東京理科大学応用化学科卒業。企業分析室勤務を経て，公立中学校講師。岩波科学教育映画を使った授業に取り組む。仮説実験授業研究会会員。物理教育研究会会員。科学技術映像祭審査員。

長谷川　高士（はせがわ　たかし）
1981　東京に生まれる。
2004　国際基督教大学理学科卒業。東京大学大学院農学生命科学研究科博士課程修了。
ルネサンス・アカデミー株式会社／ルネサンス・アカデミー高等学校／ナショナルジオグラフィック室検定部。科学検定事務局では問題作成を担当。科学映画では演出補佐を担当。

DVD BOOK　イメージでわかるたのしい物理学入門1
力は時間と一緒にはたらく

2013年8月10日　　初版1刷発行（1000部）

著者	牧　裏／長谷川智子／長谷川高士 MAKI CHU/HASEGAWA TOMOKO/HASEGAWA TAKASHI©2013
制作	ルネサンス・アカデミー　株式会社 〒104-0052 東京都中央区月島1-14-7 TEL.03-6439-3982　FAX.03-3531-4101
発売	株式会社 仮説社 〒169-0075 東京都新宿区高田馬場2-13-7 小池ビル TEL.03-3204-1779　FAX.03-3204-1781 www.kasetu.co.jp ／ mail@kasetu.co.jp
DVD	ルネサンス・アカデミー　株式会社
装丁	渡辺次郎（仮説社）
編集	川崎浩・成松久美（仮説社）
印刷・製本	平河工業社　　　　　　　　　　　　　Printed in Japan
用紙	鵬紙業（本文＝ラフクリーム琥珀N／カバー＝OKトップコート＋／ 　　　　表紙＝OKエルカード＋／見返し＝色上質りんどう／帯＝コート）

乱丁・落丁本は仮説社宛にご送付下さい。送料小社負担にてお取替えいたします。

仮説社の出版物と科学教育映画DVD（詳しくはwww.kasetu.co.jpをご覧ください）

仮説実験授業のABC　　板倉聖宣 著

●初めて仮説実験授業をやってみようという人でも困らないように，仮説実験授業の考え方から授業の進め方，評価論，さらにどんな授業書があるかや，参考文献，入手方法などをまとめた基本の1冊。
【目次】第1話 仮説実験授業の授業運営法／第2話 仮説実験授業の発想と理論／第3話 評価論／第4話 仮説実験授業の理論の多様化／第5話 どんな授業書があるか／第6話 授業の進め方入門　　A5判184ペ　税別1800円

サイエンスシアターシリーズ　　　　　　　　　　各税別2000円

■原子分子編①**粒と粉と分子—ものをどんどん小さくしていくと**（板倉聖宣）　初代原子論者，デモクリトスと同じ目で自然界を見る画期的な原子論入門。②**身近な分子たち—空気・植物・食物のもと**（板倉聖宣・吉村七郎）　空気から，環境に悪い物質まで，分子模型で見ると，実に単純明快。③**原子と原子が出会うとき—触媒のなぞをとく**（板倉聖宣・湯沢光男）「触媒」の素晴らしい働きを，原子論的にやさしく解説した初めての本。④**固体＝結晶の世界—ミョウバンからゼオライトまで**（板倉聖宣・山田正男）　固体は原子分子が綺麗に並んだ結晶。このことを実験を通して実感。
■熱をさぐる編①**温度をはかる—温度計の発明発見物語**（板倉聖宣）　温度計の便利な使い方や仕組みを紹介。それを知ると熱や温度が見えてくる？②**熱と火の正体—技術・技能と科学**（板倉聖宣）　ものを〈温める〉って，科学的にはどういうことかな？「熱の素」なんてあるの？③**ものを冷やす—分子の運動を見る**（板倉聖宣）　ものが冷えるという現象を，原子分子の動きを頭に描きながら解き明かす。④**熱と分子の世界—液晶・爆発・赤外線**（板倉聖宣）「熱とは何か」を謎解きする感覚で楽しく知る。液晶の原理も分りやすく解説。
■力と運動編①**アーチの力学—橋をかけるくふう**（板倉聖宣）　頑丈な橋をかけるために人々が行った，驚くほど簡単で丈夫な仕組みとは。②**吹き矢の力学—ものを動かす力と時間**（板倉聖宣・塩野広次）　ストローとマッチで作った吹き矢で画期的な実験。「運動の力学＝動力学」に入門！③**衝突の力学—瞬間のなぞ**（板倉聖宣・塚本浩司）　衝突の瞬間，ものには何が起るのか。実験によって「衝突」の謎に迫る。④**コマの力学—回転運動と慣性**（板倉聖宣・湯沢光男）　コマの運動が分かると，多くの機械の動く原理が分かってきます。
■電磁波をさぐる編①**電磁波を見る—テレビアンテナ物語**（板倉聖宣）　身近なおもちゃでの実験と読物とで，見えない電磁波を実感できるように。②**電子レンジと電磁波—ファラデーの発見物語**（板倉聖宣・松田勤）　台所の電子レンジを使って，〈電磁波〉を実感する実験をしてみましょう。③**偏光板であそぼう—ミツバチの方向感覚のなぞ**（板倉聖宣・田中良明）　付録の偏光板を使って，電磁波を捉えてみよう。偏光板付き。④**光のスペクトルと原子**（板倉聖宣・湯沢光男）　付録のホログラムシートで分光器を作って，スペクトルを見よう！

岩波科学教育映画DVD 第1集（全8巻，税別9万円）化学／物性／静力学／電気・磁気／動力学／生物。
岩波科学教育映画DVD 第2集（全8巻，税別10万円）工学／科学／生物／地学・天文／生活の科学。
岩波科学教育映画DVD「災害の科学」（税別1万2000円）